SV

Durs Grünbein

Vom Schnee oder Descartes in Deutschland

Suhrkamp Verlag

Abbildung auf Seite 7:
Anthonis van Dyck. *Skizze einer brennenden Hütte*, nach 1621

Satz: Hümmer GmbH, Waldbüttelbrunn
Druck: Memminger MedienCentrum AG
Printed in Germany
Erste Auflage 2003
ISBN 3-518-41455-0

3 4 5 6 – 08 07 06 05 04

Vom Schnee
oder
Descartes in Deutschland

In memoriam Siegfried Unseld

»Ich war damals in Deutschland, wohin mich der Anlaß des Krieges, der dort noch nicht beendet ist, gerufen hatte, und als ich von der Kaiserkrönung wieder zum Heere zurückkehrte, so verweilte ich den Anfang des Winters in einem Quartier, wo ich ohne jede zerstreuende Unterhaltung und überdies auch glücklicherweise ohne alle beunruhigenden Sorgen und Leidenschaften den ganzen Tag allein in meinem Zimmer eingeschlossen blieb und hier alle Muße hatte, mit meinen Gedanken zu verkehren ...«

(Von der Methode des richtigen Vernunftgebrauchs und der wissenschaftlichen Forschung / 1637)

I

»Dissolve frigus …«

Horaz

1. Der Schnee von heute

Monsieur, wacht auf. Es hat geschneit die ganze Nacht.
Soweit das Auge reicht auf einer weißen Fläche,
Schmückt sich das Land mit weißen Kegeln. Es sind Bäume,
Die mit der Winterhand der große Arrangeur
Veredelt hat. Man sagt, Ihr schätzt ihn, seinen Spieltrieb,
Der Türmen Hauben aufsetzt und die Dächer deckt
Mit kalten Daunen. Sein kristallenes Flanell,
Gewebt aus Flocken, polstert faltenlos die Fluren aus,
Bis alle Welt verzaubert ist und tief verschneit –
Ein Foliant mit weißen Seiten, die nur *er* beschreibt.

Seht Ihr, es tagt. Spurlose Frühe, geometrisch klar.
Kühl wie am Morgen nach der Schöpfung, formenstreng,
Zeigt sich die Erde nun, berechenbar. Was möglich ist,
Nicht was durch Sintflut, Ackerbau und Kleinstaatkrieg
Verheerend wirklich wurde, liegt nun ausgebreitet.
Besänftigt lädt, was irgend denkbar ist, zum Studium ein.
Schnee hat den Bann gebrochen. Das Diktat der Zeit –
Habt Ihr bemerkt, ist aufgehoben. Unter frischen Wehen
Kroch eine Gleichung in die Hügel. Rein als Raum,
Dreht sich die Landschaft auf den Rücken wie im Traum.

Wacht auf, Monsieur. Auch wenn es scheint, ein Federbett
Sei wie die Wunderwelt dort draußen – nur im Kleinen.
Zum Greifen nah, leicht überschaubar. Eine Projektion
Im Maßstab Eins zu Tausend, nimmt man die Region,
In der Euch Winter traf und einspann wie die Raupe.
Heraus aus dem Kokon! Kommt, werft die Decken ab,
Wenn auch ihr Faltenwurf an Berg und Tal erinnert –
Dazwischen Gänsepfade, überm Knie ein ferner Hügel …

Was früh den Blick trübt, nachts ihn bricht, ist kein Gestirn.
Ein Futteral ists, weich gepolstert, für das müde Hirn.

Es hat geschneit. Seht, vor dem Haus, die weiße Pracht.
Bringt Euern Leib, das feine Instrument, in Position.
Haltet den Atem an ein Weilchen. Adjustiert genau,
Was zum Verorten so geschaffen ist wie kein Sextant –
Dies Sehwerkzeug mit seinen Linsen. Merkt Ihr was?
Auch das Gerät, das uns zur Orientierung dient im Raum,
Ist nur ein Körper, für den Euklids Regeln gelten.
Aus Protein gemacht, doch nach der Art von Glas –
Nichts was zerbricht, und doch im Sog der Erdenschwere,
Folgt es, verletzbar, wenn auch Ding, der Brechungslehre.

Lacht nicht, Monsieur. Ihr kennt so gut als jeder Physicus
Die beiden Wunderkugeln. Wetten, mit Sezierbesteck
Habt Ihr die Äpfelchen zerteilt, die feinen Nervenstränge,
Verzweigt im Eiweiß rings wie vor dem Fenster draußen
Das Wurzelwerk der Bäume unterm frischen Schnee.
Weit mehr gewußt habt Ihr als jeder schnöde Anatom
Von Iris und Pupille, Meister Metaphysicus.
Kein Augenarzt – ein Philosoph betrat das dünne Eis
Zuerst mit der vertrackten Frage: Was heißt Sehn?
Que sais – je? Vielleicht hilft Schnee ja, Perzeption verstehn.

Schnee abstrahiert. Nehmt an, er hat das Bett gemacht
Für die Vernunft. Er hat die Wege eingeschläfert,
Auf denen der Gedankengang sich sonst verirrte.
Die Landschaft gleicht der Schiefertafel, blankgewischt,
Gekippt um neunzig Grad. Im Winterlicht erstrahlt
Die reinste Kammer *lucida*. Durchs Guckloch geht
Der Sehstrahl scharf zum Horizont und kommt zurück.
Kein Hindernis, kein Zickzackpfad, nur Perspektiven.

Vom Frost geputzt der Zeichentisch – ein idealer Boden
Für den *Discours*, Monsieur. Allez! Für die Methode.

Nun steht schon auf. Die Sonne wartet nicht auf Euch.
Erhebt Euch aus zerwühlten Laken, eh die Herrlichkeit
Zerschmilzt und Dreck die Sicht Euch trübt wie immer.
Neuschnee ist kostbar wie die großen Diamanten,
Für die man Kriege führt und tauscht Provinzen.
Ein Juwelier, der Schnee. Er modelliert, wohin er fällt.
Er rundet auf und ab und übersetzt in schöne Kurven,
Wofür Physik dann, schwalbenflink, die Formel findet.
Monsieur, bedenkt, was Euch entgeht, verliert Ihr Zeit.
Für Euch hat es, für Euch, die ganze Nacht geschneit.

2. Das Murmeltier

»Gillot, bist dus? Wer zirpt, wer singt mir da ins Ohr?
Träum oder wach ich? Was ist los? Mir war, ich hörte
Da eine Stimme, die sprach irgendwas vom Schnee.
Verfluchtes Theologenpack! Mit seinem Himmelschor
Verfolgt es dich bis in den Schlaf. Ich könnte schwören:
(So sicher wie es Linien gibt von A nach B)
War da ein Menschenlaut im Zimmer, eine Vibration,
Wie sie entsteht, wenn jemand Silben, Sätze emittiert.
Die Engel singen, heißt es, süß. Dagegen klang der Ton,
Den ich gehört hab eben, mehr nach Säugetier.«

»Ich weiß, Gillot. Was nicht ins Fach fällt, geht dir ab.
Physiologie zum Beispiel und Scholastik – Fragen,
Die mit dem Fleisch vergehn, das sie sich ratlos stellt.
Du willst Beweis und Gleichung, mathematisch knapp.
Wenn einer raunt und spekuliert, platzt dir der Kragen.
Was zeigt die Uhr? *Mon Dieu*, sie steht! Es ist taghell.
Der halbe Erdkreis ist längst wach. He Faulpelz, schnell,
Bring mir den Morgenrock, schaff diesen Nachttopf weg.
Es stinkt. Weit übler als ein frisches Ei, gepellt.
Und draußen schneits – die ganze Welt ein blinder Fleck.«

»Merk dir, Gillot: nichts stört so sehr beim Meditieren
Wie Helligkeit, die ungebrochen in die Augen sticht.
Kontrast ist eine Kostbarkeit wie Taktgefühl, Balance.
Ich brauch den Schatten, die Kontur. Ein Murmeltier
Bin ich, das sich verkriecht im Bau, bei Kerzenlicht.
Der Schnee, das Leichentuch dort, macht mir angst,
Wie Schaum vorm Mund, wie Augen, weiß verdreht.
Kein Gletscherglanz, die Wolke lockt mich aus dem Bau.

Wo bleibt mein Frühstück, Mensch? Ich friere. Es ist spät.
Was soll mir Außenwelt? Hier gehts um Innenschau.«

»Ihr habt geschellt? Ich war noch vor den Hähnen wach.
Wenn der Gedanke wandert, wie man sagt, durch Wände:
Die Ohren müssen Euch geklungen haben, Herr.
Früh aus Langweile bin ich um das Haus geschlichen,
Und weil die Stiefel bis zum Schaft im Schnee versanken,
Ging ich, wie Katzen manchmal tun, in meiner Spur
Den ganzen Weg behutsam, Schritt für Schritt, zurück.
Da kam beim Anblick mir des Schnees der Einfall
Zu einem Streich, Monsieur. Statt Omelette zum Frühstück
Wollt ich Euch einen Ball serviern aus frischem Schnee.«

»Ach, das warst du. Du hast die Schläfen mir geleckt
Mit kalter Zunge, Schuft, im Traum. Hast mir die Birne
Betäubt mit deinem Winteratem. Fauler Zauber –
Verschüttet lag ich unter Kissen, schneebedeckt.
Wie lautet Regel Nummer Fünf?« »Schütz dein Gehirn.«
»Und was zerstört das gute Stück?« »Der Aberglaube,
Monsieur. Aus reinem Schnee dagegen so ein Ball …«
»Aus Schnee? Was ist daran vernünftig?« »Der Beweis
Liegt auf der Hand: das Hexagon des Eiskristalls.«
»Soweit die Form. Doch mehr auch nicht, du Naseweis.«

»Sag mir die Zeit.« »Halb zwölf. – Ihr habt im Schlaf
Gesprochen, Herr.« »Du lügst, ich hab geschnarcht.«
»Wie Regel Neun sagt: fall dem Denker nicht ins Wort.«
»Unsinn, du hattest Angst vor meinem Blick, der straft.«
»Es war der Stil. Ihr spracht so druckreif wie Plutarch.«
»Hab ich Latein geschwätzt? Hat da mein Bauch rumort?«
»Ihr habt den Schnee gelobt.« »Du lügst.« »Ihr habt doziert
Vom Frost, dem Linsenschleifer.« »Kerl, du lügst.« »Das Eis

Habt Ihr gepriesen, wie es Bach und Teich glasiert.
Geschwärmt habt ihr von einer Welt, schneeweiß.«

»Ich schwärme nie. Sag, was du willst, ich bin kein Geck,
Der sich im Schnee wälzt und im Schlitten saust ins Tal.
Mein Ort, die Wiege der Erkenntnis, ist das Bett,
Die Miniatur der Welt da draußen.« »Wo doch Schnee den Dreck,
Den Ihr verabscheut, Herr, bedeckt.« »Du hast die Wahl –
Nun komm schon her, setz ab das alberne Tablett.
Entweder suchst du hier die Wahrheit, hier im Innern.
Oder du folgst dem Augenschein – und wer du bist,
Bleibt unbestimmt wie das Ensemblespiel der Sinne.
Und damit Schluß. Heiz den Kamin. Mich friert.« Er ißt.

3. Ein Kaff bei Ulm

Papier, Papier. Das ist ein Stoff, der mir gefällt.
Die Feder kratzt. Gleich stehn die Nackenhaare auf,
Und übern Arm läuft, übern Rücken eine Gänsehaut.
Es tropft die Stirn. Das reinste Schweißtuch, liegt, gewellt,
Das Blatt und wird zum trüben Spiegel – wild zerrauft
Dein Haar darin und ein Gesicht, vor dem dir graut
Mit seinen Narben und Ekzemen. Krähenfüßen,
Den ersten Fältchen um die Augen gleicht die Schrift.
Die Tinte fließt – wie aus verborgnen Körperdrüsen.
Ist da ein Syllogismus, der mein Dasein trifft?

Ich bin nur Geist. Ich bin kein Mensch, der blind durchs Gras
Spaziert und seinen Weg dem Zufall überläßt.
Ich bin kein Dichter, kein Sophist. Auch kein Scholast,
Der alte Texte wiederkäut. Ich bin – ja, was?
Nur was ich selber dachte, selber einsah, halt ich fest.
Am eignen Haar zieh ich mich aus dem eigenen Morast.
Wem soll ich traun? Mir selbst? Der Welt dort draußen?
Ich weiß nur, was mein Körper mir erzählt von ihr,
Was Nerv um Nerv mir übersetzt in Schrift. Zu Hause
Bin ich nur hier: in meiner Haut. – Papier, Papier.

»Geh, schreib das ab. Eh ich mirs anders überleg.
Schnell brennt, Gillot, was lange währt, ein Manuskript.
Der Ofen faucht mich an, als ob er sagen will:
Gib her das Zeug. Traust dir wohl selbst kaum übern Weg.
Wo warst du übrigens?« »Ich habe Schnee geschippt
Vorm Haus. Unheimlich dieses Städtchen, friedhofsstill.
Kein *Muh*, kein *Mäh*. Der Schnee schluckt jeden Laut.
Man sieht nur Mützen, Fell. Bis auf die roten Ohren

Trägt Mensch und Wolf denselben Winterpelz in Grau.
Ein Trauerzug – da war ein Bauernkind erfroren.«

»Ein Kind, sagst du?« »Heut Nacht, in einem Rinderstall.
Sie hatten es im Stroh vergessen.« »Wer? Die beiden?«
»Die beiden, Herr?« »Du weißt schon, wen ich meine –
Die beiden Habenichtse auf der Flucht mit ihrem Esel.«
»Ihr scherzt, Monsieur. Das arme Ding war splitternackt.
Ein Findelkind. Hier kannte keiner seinen Namen.
Der Krieg, heißts, treibt viel Volk herauf aus Böhmen.«
»Aus Böhmen, nicht aus Bethlehem, soso …« »Ganz steif
Lags in dem kleinen Sarg. Die Erde knirschte, knochenhart
Vom Frost. Sie habens draußen vor dem Ort verscharrt.«

»Was lehrt uns das?« »Monsieur verzeiht, ich hab geweint.«
»Ein edler Zug – und ein Reflex. Schau, ein Kanal
Führt von den Tränendrüsen in den Sack der Bindehaut.
Dort staut es sich, das salzige Sekret. Wir blinzeln,
Und mit dem Lidschlag wird es angesaugt und schießt –
Ein Dammbruch, in den Tränensack und bricht hervor:
Und schon verschwimmt die Welt vor unsern Augen.
Du schnappst nach Luft, dann spült der Tränenfluß dich fort.
Der Anlaß? Findet sich. Das Herz wird leicht durchzuckt.
Was zählt, ist das Prinzip. Hydraulik. Wasserdruck.«

»Gillot, du schluckst.« »Und wenn?« »Du scheinst verwirrt
Wie einer, der im Innern kocht und außen friert.«
»Ich dachte nur …« »Was dachtest du?« »Mir fiel nur ein,
Wie seltsam doch Natur ist. Unterm Stiefel klirrt
Die Erde, rauhreifhart. Kein Ast regt sich. Kandiert
Glänzt jeder Kirchturm, jede Deichsel, und kaum weint,
Kaum greint da einer leis, fließt übern Himmelsrand
Ein mildes Licht – und in den feuchten Augen taut

Die Landschaft auf wie Schnee in einer warmen Hand.
Hier Frost, und da der Mensch, der nah am Wasser baut.«

An Streusand fehlts. Ein halber Bogen ist versaut.
Die trockne Luft, die enge Kammer – Rotz und Wasser
Spritzt, wenn er hustet, übers Blatt. Und dieses Kratzen
Des Gänsekiels – wie Mückensummen. Wer wird schlau
Aus dem Gekritzel da? Nicht einmal sein Verfasser.
Die Schrift verschwimmt, die Paragraphen schneiden Fratzen.
Ein Bandwurm jeder Satz. Ist das ein *n*, ein *u*?
Nach römisch Fünf kommt, wie im Leben, römisch Vier.
»Discours de la méthode« – das Ich grüßt sich mit Du.
Daß ich nicht lache. Wer ist Ich? – Papier, Papier.

4. Traumdeutung

»Monsieur, wacht auf. Ihr müßt wohl eingeschlafen sein
Beim Schreiben. Seht doch, Euer Hemd, der rechte Arm –
Kohlrabenschwarz! Die ganze Stube voller Rauch.
Um ein Haar hättet Ihr das Haus in Brand gesteckt.«
»Was ist das?« »Wachs.« »In so vollkommnen Tropfen?
Fast wie von Menschenhand. Perfekt. Schau dir das an!«
»Monsieur, ich sehe nichts als Flecken.« »Bist du blind?
Und du willst Geometer sein? Da hast du sie,
Die reine Form, wie abgezirkelt, schwarz auf weiß.
Einmal geträumt, und schon ist da – ein wahrer Kreis.«

»Denk einen Punkt. Dann leg im Geist dich in die Kurve.
Den Radius liefert die Pupille. Eine Drehung lang
Behalt den Abstand bei zum Zentrum. Regel Fünf –«
»Schütz dein Gehirn?« »Quatsch, Neun! Wie sagt der Weise?«
»Stör meine Kreise nicht. – Hätt ich die Euren nicht gestört,
Ihr wärt verbrannt.« »Mein Leib vielleicht. Der Geist
War längst entrückt. Er kühlte sich an frischen Sphären.
Apropos Kreis: im Traum flog mir der Hut vom Kopf.
Ich dreh mich um, seh einen Freund, will ihn begrüßen:
Da rollt mir, kugelrund, ein Etwas vor die Füße.«

»Ein Schneeball, Herr?« »Seit wann färbt Schnee sich grün?
Das Ding war prall, groß, wie ein Wasserkopf. Daß Riesen
Mit ihren Kindern Schneeball spielen, wär mir neu.«
»Dann wars ein Turban? Wars ein Globus? Ich hab Müh,
Euch zu verstehn, Monsieur.« »Das nennst du Analyse?
Schäm dich.« »Wie eine Nadel liegt, versteckt im Heu,
Die Lösung, Herr.« »Ich sagte *grün*, so grün wie Gras.
Ein Globus ist vor allem blau, wie das, worin man fischt.

»Dann wars ein Kürbis?« »Fast, Gillot. Du hast es fast.
Objet trouvé. Ich sah im Traum, was man bei Tisch

... Melone nennt.« »Wenn das kein Rätsel war.«
»Wofür, ich frag dich, steht sie, kugelrund, die Frucht –
Die drinnen wäßrig ist, ein Schwamm, nach außen prall?«
»Von Träumen, Herr, versteh ich nichts.« »Ganz offenbar
Hat dich noch nie die Offenbarung heimgesucht.
Ein Geistesblitz, und du schwebst mittendrin im All.
Melone, denkst du.« »Herr, ich denke nie: Melone.«
»Spürst du ihn nicht, den Zauber deiner Einsamkeit?«
»Träumt, was Ihr wollt. Träumt von Tomaten, von Zitronen,
Nur wißt, daß Ihr so gut wie tot gewesen seid.«

»Was nichts beweist.« »Der Tod?« »Ich darf doch bitten.
Nun, ich geb zu, da war noch mehr. Kaum war der Traum
Vorbei, begann ein zweiter Traum –« »Monsieur, verzeiht.
Ich mach mir Sorgen. Seht nur, Eure Finger zittern.
Schwarz Eure Hand. Ein Brandloch – da! – am Ärmelsaum.
Ruß überall und Qualm.« »Und draußen hats geschneit ...
Das eben war der Inhalt meines Traums. Ich war
In eine Zelle eingesperrt. Die Funken stoben
Mir um die Stirn, und plötzlich sah ich alle Dinge klar,
Wie sie der Schöpfer sieht: im Feuerschein – von oben.

So schlief ich ein.« »Monsieur, Ihr seid nie aufgewacht.«
»Wie kann das sein? Ich weiß genau, ich saß am Tisch,
Und vor mir lag ein Buch, die Seiten aufgeschlagen.
Es war ein Wörterbuch. Ich kenne meine Bücher.
Der ganze Sprachschatz war darin von A bis Z.«
»Monsieur, erinnert Euch: das vielgeliebte *Dictionnaire*
Blieb in Paris zurück. Ihr habt nur Schriften zur Physik
Und den Euklid bei Euch.« »Ich frage nicht, warum.

Wenn Kinder *Warum* fragen, heißt es immer: ›Darum‹.
Doch war da noch ein Buch – mein *Corpus Poetarum.*«

»Das war kein Traum. Ich schlug es auf und las den Vers:
›In welche Richtung führt er mich, mein Lebensweg?‹
Da kam ein Mann, ich hör ihn sagen: ›Est et non‹.
Und da, ich weiß nicht wie, als ich die Stelle suchen will,
Die jeder kennt: da war mein Wörterbuch verschwunden.«
»Weil Ihr, Monsieur, in Deutschland seid, fern von Paris.«
»Du irrst. Es fand sich bald, hier, unterm Tisch. Nur das Zitat
Stand nicht mehr drin. Der Drucker hatte es getilgt.«
»Und jener Mann?« »Stand da, wo du jetzt stehst, im Raum.«
»Kein Mann, kein Buch.« »Gillot, das war kein Traum.«

5. Le bon sens

»Der gesunde Verstand
ist die bestverteilte Sache der Welt …«

»Ja, ja. Nein, nein. Habt Ihr nicht oft geklagt, wie rasch
Eins umschlägt in das andere? Ein jedes Ding
Zeigt, lang genug besehn, uns bald sein Hinterteil.
Wer Wahrheit sagt, lügt sich nur selber in die Tasche.«
»Wie lieblich klingt es doch, wenn Skepsis singt.
Und doch – auf jedes Aber folgt ein kleines Weil …
Was sagt uns Regel Nummer Sechs?« »Sag niemals nie.«
»Und warum das?« »Weil wir nicht wissen können, was
Dem Blick entgeht, der sich versteift auf Theorie.
Weil wir vergänglich sind, Monsieur.« »Du hasts erfaßt.«

»Und nun zur Sache, Freund. Hör zu, ich will dir sagen,
Was für ein Wunder mir in diesen kalten Tagen
Erlaubte, süß zu schlummern hier an meinem Tisch.
Zum ersten Mal wars, daß mein Geist – die Spur war frisch,
Auf Neuland stieß. Ich fand, was der Atlantenzeichner
Links liegen läßt: ein Reich, wo die Skelette bleichen.
Im Traum verschlug es mich in eine dieser Zonen,
Für die das Warnschild gilt: ›Hic sunt leones‹.
Dort ist es weder heiß noch kalt. Dort ist es totenstill.
Kein Zweibein fragt, kein Stein dich, was du willst.«

»Gillot, du gähnst? – Hol einen Stuhl, setz dich zu mir.
Was siehst du hier?« »Wie üblich: Stöße von Papier.«
»Sonst nichts?« »Ringsum die Tintenflecke, Kerzenwachs.
Und irgendwer hat dort ins Holz gekritzelt *Pax*.«
»Schließ jetzt die Augen. Überleg noch einmal. Was,
Was außer Längstbekanntem hat dein Blick erfaßt?«

»Wenn ich die Augen schließe, seh ich nurmehr Schnee.
Die Erde eine Tafel, abgeräumt bis aufs Sorbet ...«
»Weiß Gott, Gillot, du bist ein harter Brocken.«
»Monsieur, Ihr wollt mich nur aufs Glatteis locken.«

»Da war kein Eis. Dort gabs nur Asche und Geröll.
Kein Anhaltspunkt. Das einzig Irdische in dieser Hölle
War der verfluchte Staub, so weiß wie Knochenmehl.
Ein Niemandsland. Und dort, noch ohne Marschbefehl,
War ich zum ersten Mal im Leben ganz allein –
Wo sonst als hier, kommt man mit sich ins Reine?
Kein Horizont. Und kaum berührt, zerfiel in tausend Teile,
Was vor mir lag. Von Logik blieb – nur Langeweile.
Nutzlos die Sinne dort, vertauscht war Raum und Zeit.
Allein, ich kam nicht weit.« »Monsieur, das tut mir leid.«

»Doch nun paß auf. Was mir als erstes widerfuhr,
Weit draußen dort auf meiner transzendenten Wüstentour –
Ahnst dus, mein Freund?« »Hab keinen blassen Schimmer.«
»Vergiß, wo du hier bist. Zieh von dem engen Zimmer
Die Wände ab, vom Haus den Schornstein und das Dach.
Träum dich hinaus ins Freie, leg im Geist dich flach,
Und dann vergiß ihn, deinen Körper. Stell dich taub.
Was spürst du dann?« »Ich nehme an, den Sternenstaub,
Die Schwerkraft, Herr.« »Wie willst du wissen, ob du bist?«
»Weil ich mir komisch vorkomm so.« »Materialist!«

»Dickschädel Du! Obszöner Kerl! Du Hurensohn! Ich sehe schon –
Hast dich im Fleisch verschanzt, der innersten Bastion.
Dein Credo: soll die Erde sich doch fleißig drehn,
Du Fixstern bleibst, du bleibst der Ruhepol der Odysseen.
Die Sonne scheint, wie immer, auf nichts wirklich Neues –
Du, seelenruhig, haust dir den Ranzen voll. Wozu bereun?

Das Universum schwingt. Du aber furzt ein Loch
In diesen Luftballon. – ›Denn sie bewegt sich doch‹,
Wie uns Stephanus sagt. An dem zufriednen Schmunzeln
Erkenn ich dich, Diogenes, im Schein der Funzel.«

»Bleib wie du bist.« »Herr, Ihr beschämt mich.« »Eben dies
War ja die Einsicht, die mich traf dort wie ein Blitz.
Glaub mir, Gillot. So fein verteilt ist der Verstand,
Daß er noch jeden, selbst den Blödesten, umschließt.
Kaum einer wünscht sich mehr davon, als er besitzt.«
»Ihr seid zu gütig, Herr.« »Und du hast längst erkannt,
Daß man erst dort, wo alle sind, ganz bei sich ist.
Was ich erst sah, als ich herabstieg vom Kothurn.«
»Kein Mensch ist von Geburt an klug.« »Es war ein Christ,
Der uns im All verankerte mit Blick auf den Saturn.«

6. Ein schönes Augenpaar

»Da fällt mir ein ... Pardon, vielleicht ein andermal.«
»Ein andermal?« »Verzeiht, ich hab Euch unterbrochen.«
»So geht das nicht. Wie lautet Regel Nummer Vier?«
»Dein Schulterzucken ist des andern Seelenqual.
Monsieur, ich weiß, Ihr habt den Braten längst gerochen.
Des Nachbarn Magd.« »Was soll das? Red nicht so geziert.
Wir sind erwachsen. Keine Hemmung, sprich dich aus.«
»Die junge Frau von gestern ... Sie, die Euch das Bett
Bezog am Ankunftstag: Ich traf sie eben vor dem Haus.«
Descartes sagt nichts. Sein Bursche zögert. »Sie ist nett.«

Der Ofen bollert. Dämmerung. Die Diele knistert.
Zwei Männer zählen die Minuten. Weihnacht steht,
Wie es im Lied heißt, vor der Tür. Bald quer durchs Land,
Zieht Krieg, der wilde Orgelspieler, sämtliche Register.
Im Lärm das eine Stimmchen, das um Gnade fleht,
Führt zu dem Kind, das dort im Graben liegt am Rand
Des Dorfes mit den neunzehn Häusern, alle abgebrannt.
Wer jetzt die Augen schließt, sieht, wenn der Rabe kreischt,
Die Greuel voraus. Er sieht, verrenkt, die Unbekannte,
Ans Scheunentor genagelt, nackt, ein Klumpen Fleisch.

Oder den Teich, in dem die Bauernleichen schwimmen,
Gut konserviert für einen unsichtbaren Gott.
Und den Gepfählten, rittlings auf dem Weidenstamm.
Das Kirchlein, eingeäschert, und noch immer glimmen
Dort beim Altar, im Holzrelief, die Jünger Jesu feuerrot.
Die Eiche auf dem Dorfplatz, lichterloh entflammt,
In der Gehängte baumeln statt des Christbaumschmucks.
Das Blut, im Viehtrog dampfend – doch das Vieh zog fort,

Zog mit dem Heer davon. Kein Landsknecht schluckt,
Denkt er zurück an Mord und Schändung andernorts.

»In Flandern, Herr, geriet ich einmal in ein Dorf,
Das sie geplündert hatten kurz zuvor. Die armen Toten
Warn noch ganz warm, und mancher zuckte da in seinem Blut.
Ich trat in Pfützen Blut, an meinen Stiefeln klebte Schorf.
An einer Hauswand stand, brutal, ein Fluch: ›Idioten!‹
Da lag ein Mädchen, das Gesicht von einem Federhut
Bedeckt, zerfetzt die Strümpfe, neben einer toten Ziege.
Lag da, als schliefe sie, in einem Nest von braunem Haar.
Ich, wie berauscht, greif mir den Hut – da schwirren Fliegen
Aus ihrem Rock, und da erst seh ich, starr, das Augenpaar.«

Descartes stöhnt auf. Er hält zurück, was ihn verstört.
Kann sein, er fragt sich, was das alles mit der Frau
Von nebenan zu tun hat. Schweigend grübelt er,
Ob dieser Vorfall wirklich zum Gedankengang gehört.
Kein Nerv verrät, daß in der Blase sich was staut.
Prekär das Herz – es zieht uns leicht ins Ungefähre.
Wo führt das hin? In eine peinliche Romanze
Aus Krieg und Einsamkeit und Angst und Nostalgie?
Wo jeder weiß: Krieg heißt nur Syphilis und Wanzen,
Doch niemals Liebe. (Regel Sechs …) »Monsieur, noch nie

Hab ich ein Augenpaar gesehn, so schön wie ihres.
Ich meine, klar und ungetrübt wie im Gebirg ein See.«
»Sprich, bitterkalt. Wie heißt die Eisfee denn?« »Marie.
Was sagt das schon? Es ist dieselbe katzenhafte Iris,
In der erlöst ich all das Graun von damals wiederseh.
Die Trümmer, die Verstümmelten, das massakrierte Vieh.«
»Brutal gesagt: du willst das Mädchen, nicht den Spaß.
Du hoffst an ihr, was diese Schurken an der andern

Verübten, gut zu machen – durch Verzicht. Ists das?«
»Nein, Herr. Ich will vergessen, was ich sah in Flandern.«

Er ist zu jung. Er kann es in den Lenden fühlen,
Das Intervall der Jahre zwischen ihm und dem Genie.
Was Alter ausmacht. Ein paar Winter separieren
Die Menschen schärfer als der Krieg. Er spielt den Kühlen,
Der die Tristesse nur sieht der Leiber. Ach, Marie –
Was wird heut Nacht …? – Die beiden Männer frieren.
Der Denker gähnt. »Na schön, du bist in sie vernarrt.
Viel Glück, dabei. Ich kriech ins Bett jetzt. Mir ist kalt.«
Man ist in Deutschland. Es herrscht Krieg. Im Frost erstarrt,
Steht vor dem Fenster schwarz, ein Bataillon, der Wald.

7. Selbstportrait als leerer Teller

Wie kann das sein? Derselbe Spiegel, der mir früh
Im Winterlicht am Kinn die schwarzen Stoppeln zeigt –
Jetzt steht er grau, ein Glas halbvoll, am Fensterbrett.
Und nichts verrät, wie eben noch im Streichholzglühn,
Was er enthielt: mein Bild, die Psyche, tief verzweigt.
Mein Konterfei, herausgeschält aus Nacht und Bett.
Jetzt scheint er blind. Im Staub ein bloßer Scherben dort
In meinem Rücken. Dabei weiß ich nur zu gut:
Sein Glas schöpft weiter, heimlich, aus der Bilderflut.
Nur ich bin hier – an einem ungenannten Ort.

Ich weiß genau, ich bin. Auch wenn er mich verschluckt
Mit Haut und Haar. Wie ich verschluckte fast vor Lachen
Den Rebhuhnknöchel. Beinah wär ich dran erstickt.
Ein Spiegel hat, wohl wahr, kein Liderpaar, das zuckt.
Nichts sticht ihm je ins Auge. Diesen klaren Schacht
Muß jedes Bild hinab. Du brichst dir das Genick
Beim Sturz kopfüber in den kalten Silbersee.
Merkwürdig nur, wenns ihn nicht gäb, Ihr wüßtet kaum:
Wie sieht er aus, der zu Euch spricht? Wie dort im Schnee
Die Hasenspur wärt Ihr nur Ornament im Raum.

Und doch, es schmerzt. Wundherde, Eingeweide sind,
Zahnhälse, freigelegt, kaum schauriger als dies.
Jetzt gähnt ein Tisch, ein Teller blinkt, wo sonst die Stirn
So unerforschlich leuchtete – mein eigenes Gesicht.
Es ist nur Glas, scheints. Und doch droht es dir: verschwinde.
Es ging zu Bruch, als sie beim Putz dagegen stieß.
Nun schneidet es die Schneelandschaft, in der das Hirn
So weich versinkt. Du drehst dich um – es gibt dich nicht.

Dein Kragen glänzt, der Schopf, wie Schweineschmalz. Brutal,
Ein Zacken Glas, hält die Materie über dich Gericht
Sub specie aeternitatis – aus dem Hinterhalt.

Im Gleichgewicht, wie auf den *schilders* aus dem Norden,
Stehn Ding und Mensch. Es schneit. Merkt Ihr was, Philosoph?
Was man im Süden klangvoll *chiaroscuro* nennt,
Das Hell und Dunkel, hilft es nicht, Euch zu verorten?
Gefangen sitzt Ihr, Euer Doppelgänger, in den Strophen
Von einem, der Euch schlecht aus Euren Büchern kennt.
Die Wette gilt: ob wohl die Nachwelt Euer Bild verzerrt?
Für alle Zeiten hält demnächst Franz Hals Euch fest,
Im Ölportrait. Ihr wurdet, Meister, weit verehrt,
Als die Visage dort längst Abgrund war und Palimpsest.

Ihr seid nun dort ... wo Zeit nur heißt – Gespiegeltsein.
Der Abstand wächst. Von Euch zu Euch, von Euch zu mir.
Schatullen schimmern da, Goldknöpfe, Rembrandts Augen,
Wie die Reflexe auf dem Schlüsselbund, mit sich allein.
Und wie der Schnee, posthum, strahlt Ihr aus dem Papier
Mit jedem Wort, vom Sand der Sanduhr aufgesaugt.
Nun könnt Ihr, von der Welt verlassen, Euch entziehn.
»Mitnichten, Freund. Die Weltflucht geht mir *contre cœur*.«
Ihr gleicht dem Arzt von Dou, der dort den Kolben voll Urin
Im Taglicht prüft. Den im Gefäß die Trübung stört.

Ein klarer Fall. Man sieht die Schärpe, das Diplom,
Und ahnt, das Schicksal kommt aus einer ruhigen Hand.
Der Anschein trügt. In der Karaffe geht mit jedem Schluck
Zur Neige das Portrait. Sein eigenes Arom
Hat jeder Augenblick und jeder Tag. Äquidistant
Bleibt eins zum anderen, und jedes Ding ist sich genug,
Auch wenn A' und A im Spiegelglas sich decken –

Zum Greifen nah. Ihr wißt, sie sind doch weit entfernt.
Der Rock am Haken, unterm Tisch das Kohlebecken,
Und selbst der Weidenkorb kreist um den eignen Kern.

Lehnt Euch zurück. Charakter heißt – man balanciert
Auf schmalem Grat. Tritt aus dem Schatten für Momente.
Ein Teil von Euch bleibt immerfort im Dunkeln, blind.
Der andre wird, bei Licht, von lauter Spiegeln filetiert.
Mehr ist da nicht. Daß Euch kein Fensterkreuz je kennt,
Nehmts hin. Es ist ein Vorgeschmack auf das Verschwinden.
Der Schemel dort, der Krug sagt Euch: Ihr kehrt nie wieder.
»Fort mit dem Ding!« »Eh Ihr Euch auflöst ganz in Schrift,
Geht an die Luft, Monsieur. Was Euch das Glas erwidert,
Ist nur der Blick, in dem ein Leib auf sein Bewußtsein trifft.«

8. Unterm Eis

Dezembernacht. Der Himmel, sternklar, glänzt poliert
Vom frischen Winterwind, der mit der rauhen Feile
Den Schnee zerraspelt hat zu scharfem Eiskrokant.
Verharscht die Felder, wo sich Maus und Dachs beeilen,
Die Pfote blutig, auf der Flucht vor einem Schatten.
Im Schlamm gefrorn, bewachen leere Pfützen Weiden
Mit grauen Argusaugen. Der Polarstern glänzt
Wie im Theatrum anatomicum das freigelegte Herz.
Wie aufgeblasen dehnt das All sich, kolossal und grob.
Die Erde schrumpft wie jeder Kleinplanet vorm Teleskop.

Ein Stumpen schwelt. Der Rost im Ofen liegt blitzblank
Wie nach dem Mahl der Brustkorb des gebratnen Ochsen.
Im Umhang des Gelehrten sammelt sich die Winterkälte,
Kriecht in den Schnallenschuh, den weißen Spitzenkragen
Und malt Rosetten auf das Glas der Butzenscheiben.
Frostluft verstärkt im Dunkel die Konturen,
Spitzt Kinn und Nase, färbt die Lippen morgens blau.
Im Winter gleicht der Mensch dem eigenen Kadaver.
Steif liegt er da, wie aufgebahrt – das Bett ein Sarkophag.
Ein Schauder weckt ihn. Draußen schneits. Ein neuer Tag.

Descartes liegt wach. Auf seiner Stirn steht kalter Schweiß.
Er hat geträumt: von Amsterdam. Dort saß er nachts
Nackt auf den Pflastersteinen an vereister Gracht,
Umringt von Bettlern, zum Gespött der feinen Leute.
Und einer rief: »Seht nur den Schlaukopf aus Paris.
Er angelt Linsen aus dem Eis und Spiegelglas! Er glaubt,
Der Mensch sei transparent.« Und ein bebrillter Zwerg
Kam im Galopp herbeigesprengt auf einer Knochensäge,

Der streute Salz in seine Augen. »Gell, das beißt?«
Dann ließ er los, und pißgelb färbte sich das Eis.

Die Laken feucht. Verflucht, ich hab ins Bett genäßt.
Schäm dich, René. Was soll das Nachbarsmädchen sagen,
Wenn sie den Schandfleck sieht. Wie hieß sie noch? Marie?
Und mein Gillot? Das gibt dem armen Kerl den Rest.
Ein Albtraum wars – von Teleskopen, Sarkophagen,
Von Angeln, Knochensägen – schwärzeste Magie.
Der Schnee dort draußen wars, der machte dich verrückt.
Du liegst, im Eis versiegelt, schielend, eine Flunder,
Die ihre Augen an den Wasserspiegel drückt.
Erstaunlich, alles ringsum schläft. Nur du bist munter.

Fischkalt das Bett. Ein Glück, daß kein Fisch je ertrinkt.
Ich will hier liegenbleiben, bis der Frühling kommt
Und taut den Kerker auf. Solange will ich dämmern.
Es ist nicht gut, wenn eins den ganzen Tag lang grübelt.
Das Denken schadet der Gesundheit, Metaphysicus.
Sieh lieber zu, was da am Schlammgrund zuckt und gluckst.
In jeder Ritze wimmelt Leben. Schau nach oben:
Dort huschen Schatten übers Eis, und Kufen kratzen.
Da spielt man Golf, schwenkt Hüte, einer zieht ein Eichenfaß
Auf einem Schlitten. Großer Gott, mein Arsch ist naß.

In Holland wars. Dort hat er ihn zuerst gespürt,
Den Forschergeist, der von den klugen Köpfen ausgeht.
Hier saßen sie, die Linsenschleifer, Physiker, Chirurgen,
Die Deichbaumeister, Geometer, Militärstrategen –
Und jeder zweite junge Mann war ein Erfinder.
Hier hast du ihn, den Inbegriff der Menschlichkeit,
Hat er gedacht. In Holland gingen ihm die Augen auf.
Ja, wie die Flunder lag er auf dem Bauch und glotzte.

Zurück in Frankreich, schrieb er jenen langen Brief
An einen Freund: »Sie haben mich geweckt … ich schlief.«

Ich war naiv. Ein Zögling des Collège Royal, ein Kind,
Das tief beeindruckt war vom Anblick einer Schiffswerft.
»Ich schwärme nie.« Von wegen, Bruder. Schau dich an –
Wies scheint, kannst du noch immer nicht das Wasser halten.
Ich weiß nur eins: der Harn brennt Löcher in den Schnee.
Das Salz zerstört die kristalline Ordnung. Welch ein Spaß,
Breitbeinig dazustehn und hoch im Bogen schießt
Der heiße Strahl, der dir die Tränen in die Augen treibt.
Apropos Krieg: von allen Waffen ist – verzeih, Marie,
Die liebste mir noch der Urin, die Piß-Artillerie.

9. Winterspaziergang

»Hab Dank, Gillot. Was wär ich ohne dich? Gewohnt
Dezent hast du mein kleines Nachtproblem gelöst.
Und da ich weiß, du langweilst dich, hab ich beschlossen:
Wir sollten ausgehn heut.« »Ganz wie Ihr wollt, Patron.«
»Heut fällt mir nichts mehr ein. Ich bin zerstreut, nervös.
Ich schäme mich. Steh wie ein Pudel da, begossen.
Wie gehts Marie?« »Fragt nicht, ich schäm mich auch. Heut Nacht
Ist etwas Schreckliches passiert. Was keine Frau verzeiht –
Ich war zu schlapp, Monsieur. Ich hab es nicht gebracht.«
»Das sind die Folgen, Bruder, der Enthaltsamkeit.«

»Ach ja, die Liebeskunst. Wer kennt sie nicht, die Tricks,
Mit denen man den Fuchs aus seiner Höhle lockt.
Nimm an, du hast da ein Problem, und das ist so komplex,
Daß dus kaum fassen kannst. Ein Wort wie *Fick*
Greift hier zu kurz. Nicht nur der Geist, der Körper bockt,
Wenn ihm der Antrieb fehlt.« »Ach, es war wie verhext.
Das Fleisch war willig, doch das Hirn blieb renitent.«
»Kein Widerspruch.« »Bleib ruhig, geh systematisch vor,
Rief ich mir zu. Umsonst. Ich war gehemmt. Wie impotent.
Das arme Ding, ich spürte, wie sie unter mir gefror.«

»Komm, laß uns gehn. Bewegung hilft. Der Kopf wird frei,
Wenn man sich treiben läßt in frischer Luft. Natur
Ist immer noch der beste Arzt. Bring mir den Pelz.«
»Und wohin gehts?« »Den Schleichweg dort zur Meierei,
Vorbei am Friedhof, dann hinaus in Wald und Flur.«

. . . .

»Gott, wieviel Schnee. Ein Königreich für ein paar Stelzen.
Das wärs, Gillot – acht Beine haben wie die Spinnen,

Und federleicht sein … Mann, wir wären längst weit weg.
Doch so: mit jedem Schritt spürst du die Zeit verrinnen.«
»Herr, ich bin froh, ein Mensch zu sein und kein Insekt.«

»Sind das dort Krähen?« »Wo?« »Dort drüben im Geäst.
Das flattert auf und ab wie ein Schwarm Fledermäuse.
Wovon ernährn die sich im Winter?« »Herr, vom Aas.«
»Beim Anblick dieser Brüder denkt man gleich an Pest.
Schwarz wie die Pfaffen, und so zahlreich wie die Läuse.
Und diese Ringe um die Augen – wie ein Stundenglas.
Nun lach doch mal. Was ziehst du bloß für ein Gesicht?«
Der eine schweigt. Der andre kichert still in sich hinein.
»Noch immer sie?« »Monsieur, Ihr kennt die Frauen nicht.«
»Ist ein Problem zu groß, zerlegs in viele kleine.«

»Und dann, Monsieur?« »Nimmst du dir jedes einzeln vor.
Siehst du das Dorf dort in der Ferne? Hundert Seelen
Sind da – an irgendeinem Ort der Welt – versammelt.
Und jede ist, mit tausend feinen Fädchen, unsichtbar,
Verknüpft mit jeder andern.« »Was ergibt das, Herr?«
»Ein Netz, weit komplizierter als dein Schneekristall.
Ein metaphysisches Gespinst – dagegen ist die Seide,
Die man in China spinnt, so grob wie Segeltuch.«
»Soll das ein Trost sein?« »Nein, ein Rätsel der Natur.«
»Fürwahr, so muß ein Schaf sich fühlen nach der Schur.«

»Hat sie dich ausgelacht?« »Seht Ihr die Weiden dort –
Die frisch gefällten? Jeder Stumpf schreit auf zu Gott.
Sie sind kastriert. Fast kann man noch den Umriß sehn,
Den ihre Schultern stemmten in die bitterkalte Luft.
Nun sind sie Rauch: seht, wies im Dorf da drüben qualmt
Aus jedem Schornstein, wie auf Ställe und Remisen
Ein Leichentuch sich legt, gewebt aus toten Bäumen.«

»Du siehst zu schwarz.« »Vielleicht ist mein Problem so groß
Wie diese Welt.« »Heißt *Baum* nicht: Ast plus Ast plus Ast?
Wenn alles schwarz ist, weiß, halt dich an den Kontrast.«

»Der Fleck zum Beispiel, dort am Waldrand schwarz,
Ist reduziert auf einen Schemen – eher Mensch als Tier.
Nichts sagt sein Umriß über das Woher, Wohin.
Was treibt ihn um, beweglich wie im Satz die Letter?
Ist es ein Jäger, der die roten Tropfen zählt im Schnee,
Allein auf Pirsch? Ein Don Juan, ders plötzlich eilig hat
Zu Fuß, weil die Kalesche liegenblieb, die Achse brach?
Es kann ein Totengräber sein, ein Mann, der Trauer trägt.
Vielleicht ein Priester, unterwegs zum letzten Sakrament
In der Soutane. Ist es der Satan, der dort rennt?«

10. Landschaft mit Zeichner

»Dem friert der Arsch.« »O nein, dem ist kein Weg zu weit.
Kein Eis zu dünn, kein Baum zu hoch, kein Spalt zu eng.
Er schätzt es, wenn die Erde brach liegt, starr und kalt.
Sein Himmelreich gleicht dieser Landschaft, tief verschneit.
Nimm dir an ihm ein Beispiel, laß den Kopf nicht hängen.«
»Ihr macht wohl Witze? Krieg und wölfische Gewalt –
Quer durch Europa kratzt sie sich, des Teufels Klaue.«
»Sag, was du willst, Gillot: als Zeichner ist er exzellent.
Kontraste reizen ihn, er scheut das Ungenaue.
Glühendes Eis, flambierter Schnee: das ist sein Element.«

Darauf kein Wort. Es knirscht und knistert unterm Schritt.
Die Erde sträubt, gereizt, ihr weißes Nackenfell.
Der eine hinkt. Der andre träumt von einem scharfen Ritt,
Von Hirschjagd, Hörnerklang und herbstlichem Gebell.
Der eine stockt. Was glitzert da? Ein Tellereisen?
Bloß nicht vom Weg abkommen … Los! Der andre drängt,
Pflügt mit den Stulpenstiefeln in den Neuschnee Schneisen.
Der eine spürt, vom Frost die Knochen ausgerenkt,
Nackt sein Skelett – der andre, mollig, seinen Zobelpelz.
So ziehn sie hin, ungleich, als Paar. Und Gott gefällts.

Ich seh sie noch. Was sind schon drei-, vierhundert Jahre?
Im hohen Schnee wird alles Bild. Als Winterlandschaft
Gerahmt, kehrt jede Szene wieder, die einst war.
Wie im Museum schließt das Auge schnell Bekanntschaft
Mit den Figuren, die in Öl – im Schnee – posieren.
Es weiß von Schlittschuhläufern, von vermummten Bauern,
Zerrt aus dem Busch die Bettlerin auf allen Vieren.
Es nimmt den Angler auf vorm Eisloch. Leise trauernd

Hängt es an Dorfidyllen, grüßt die klapperdürren Kühe
Im Stall zu Bethlehem, das ferne Elend. *Déjà-vu.*

Und kennt sie längst. Zwei Männer, unterwegs auf weiter Flur.
Aufrecht der eine, elegant gekleidet, ganz der Herr.
Er geht voran, bestimmt den Kurs. Wie seine Taschenuhr
Zieht er den andern auf. Der lahmt und atmet schwer.
Sie ähneln sich wie Musketier und Vogelscheuche.
Und sind doch Kopf und Fuß einander, Buch und Pult.
Wenn einer lauthals lacht, hört man den andern keuchen.
Der eine bremst, gleich platzt der andere vor Ungeduld –
Und umgekehrt. Ein *Pas de deux.* Gemeinsam sind
Die beiden schöner anzusehn als Schwan und Hyazinth.

»Ihr phantasiert. Was soll das sein – flambierter Schnee?«
»Man sieht ihn manchmal auf Gemälden. Flammend kocht
Dir vorm Gesicht ein Wintertag. Das tut so höllisch weh,
Daß du die Augen schließt. Fast brennt das Weiß ein Loch,
Ins Leinwandblau, so intensiv glühn Schnee und Eis.
Der Teufel spuckt, so scheints, auf die Paletten,
Wo die *peinture* entsteht, gerührt aus Malerschweiß.«
»*Trompe-l'œil,* du weißt, ist eine Schwarzkunst. – Wetten,
Daß da ein Meister ist, der malt mit seinem ... Samen?«
»Der Bursche, Herr, hätt in Versailles längst einen Namen.«

Verrückter Kerl – denkt sich der eine. *Mann, Gillot,*
Zischt scharf beiseit der andere. Vor ihnen ragt
Ein Tannenwäldchen, schwarz als Block. Und kein Bonmot
Hebt jetzt die Stimmung. Keiner frotzelt, keiner fragt.
Nur ihre Augen absorbieren weiter Bild um Bild.
Die Leinwand blendet. Jeder Strich bricht sofort ab,
Bevor die Form sich zeigt und zum Volumen schwillt.
Es war, als gingen beide unterirdisch durch ihr Grab,

Posthum – und jeder malte sich im Geiste aus,
Wie diese Landschaft aussah einst im Jahr Zweitausend.

»Wenn ich nur zeichnen könnte, Herr. Ein Bild sagt mehr –«
»Ich weiß, als tausend Worte.« »Diesen Augenblick:
Wer hält ihn fest?« »Den Raum frißt Zeit, und dann verzehrt
Der Raum die Zeit. Nichts bringt den Duft des Tags zurück.«
»Jetzt malt *Ihr* schwarz.« »Ich sage nur: nichts bleibt, wies ist.«
»Die eine Nacht … ihr weicher Körper … alles ausradiert?«
»Ganz insgeheim, Gillot, ist jeder Mensch Kopist.
Er pinselt ab. Er mißt, vergleicht, skizziert und portraitiert,
Was ihm vor Augen schwimmt – sein Hirn die Galerie.«
»Meins ist ein Brunnenschacht, und unten hallts: Marie, Marie.«

11. Mensch und Wolf

Vorm Mund steht Dampf. Man spricht – und jedes Wort verpufft.
Kein Zeuge ist, umsonst von Todesschrei und Vogelflug
Zerrissen, diese schneidend klare, stahlstichharte Luft.
Der Himmel – ein geschlossnes Lid. Erschrocken lugt
Vom Waldrand her ein Augenpaar im Schutz der nie
Entwirrten Zweige, von der Schneelast tief gebeugt,
Den Männern nach, die dort mit Hund und Jagdhorn ziehn.
Die beiden ahnen nicht, wer sie da, sprungbereit, beäugt.
Im Innern schäumt, vom Frost gestaut, ihr Redefluß.
Steht da ein Reh und starrt? Ein Fuchs? *Deus absconditus?*

Mensch oder Tier – ein jedes späht, verloren im Revier,
Scharf durchs Visier. Durch dicke Wolkenschichten, matt,
Sickert das Sonnenlicht. Die Leinwand, gelb grundiert,
Gleicht einer Stirn, die mehr als ein Geheimnis hat.
Da ist der Himmel, ein gefrorner Sumpf – der weicht
Zurück vor jedem Blick. Und nirgendwo ein Horizont.
Da ist die Landschaft, *blanc,* soweit das Auge reicht –
Ein Tuch, das nur die Hügelform, den Wellenfluß betont.
Da ist der Einzelne – sein Dasein, ungehört, verhallt.
»Das Feld hat Augen, Herr, und Ohren hat der Wald.«

»Gillot, gib Ruh.« Mehr fällt dem Meisterhirn nicht ein.
Er kratzt sich ratlos unterm Kinn, haucht in die Hand.
Ein Hase stutzt, dann – zickzack – rennt er querfeldein.
Das schwarze Zweibein dort und, fußlahm, sein Trabant,
Wirkt so unheimlich, daß man besser flieht – als Tier.
Die Welt, selbst menschenleer, bleibt menschliche Domäne.
Und Panik herrscht, wo er das Kreuz am Weg pflanzt, sein Panier.
Es ist der Zaun, das Haus – nicht sanft die Endmoräne,

Die von der Eiszeit künden, von Gefahr und Tod.
Es ist des Menschen Reich, das mit Vernichtung droht.

»Mein Rücken schmerzt.« »So hast du immerhin Gefühle.«
»Nur noch den Rest davon, Monsieur. Mein Leib ist taub.«
»Dann laß uns umkehrn. Siehst du dort die Mühle?«
»Ihr Anblick wärmt mir wenigstens das Herz.« »Du glaubst,
Da wohnt ein Mensch?« »Der gute Geist wohnt da des Mehls.
Kein Kind, das nicht gern Kuchen, Brot und Brezel ißt.«
»Ein Grundgedanke, was? – Der doch den Kern verfehlt.«
»Der Kern ist Teig. Und der geht auf.« »Idealist.«
»Habt Ihr nicht gern als Kind, mit Nasenflügeln weit,
Den Duft des Stollens eingeatmet in der Weihnachtszeit?«

Die Flügel ruhn – ein starres X. »Das heißt, die Arbeit ruht.
Der spitze Giebel zeigt uns an: die Esel schlafen.«
»Herr, wenn Ihr diesen Leuten nur nicht Unrecht tut.«
»Mir scheint, mein Freund, was mir der Anblick eines Hafens,
Das ist für dich die Mühle dort – ein Ankerplatz.«
»Ich seh die Drehung gern. Mir ist das Flügelknarren lieb.
Musik der Sphären ist mir, wie der Mühlstein kratzt.«
»*D'accord.* Auch ich mag die Mechanik, das Prinzip.
Der Haken ist: in Holland weht ein frischer Wind.
Hier schuften Esel, im Geschirr. Und die sind blind.«

»Ihr sprecht von Deutschland?« »Nein, nur von dem Pech,
Das manches Volk hat mit dem Wetter. Mit der Luft.«
»Ihr mögt sie nicht, die Deutschen.« »Sie sind grob und frech.«
»Ihr meint, es liegt am Klima? Seht, wie hart sie schuften.«
»Nimmt man ein Korn, gleicht eins dem andern. Und mit Wasser
Wird überall gekocht. Und doch sind sie hier irgendwie –
Verstopft. In jedem steckt was von der trägen Masse.«
»Sprecht Ihr von ihr?« »Wie könnte ich? Die Magd Marie,

Du magst sie doch?« »Sie trägt das Herz am rechten Fleck.«
»Ein Beispiel mehr: das Mittel heiligt jeden Zweck.«

»Zu gütig, Herr. Ihr grinst?« »Nun werd nicht albern, Narr.
Was kann ein Mensch für sein Gesicht? Es widerspricht
Der Stirn, gerümpft, die Nase, und der Mund dem Augenpaar.«
»Wie dem auch sei – ich weiß beim besten Willen nicht,
Was Ihr jetzt denkt.« »Kein Mensch weiß, was der andre denkt.
Von wegen, Freund und Feind und Mensch und Wolf: was wahr,
Was falsch ist, wird als Einsicht uns im Traum geschenkt.
Man schließt die Augen, und die Welt scheint sehr bizarr.
Ein weites Feld ... von Gut und Böse gleich bestellt.
Doch kein Mensch weiß, wann Schnee, wann Regen fällt.«

12. Querelen

»Wie still es ist. Wie rasch ein Wintertag vorübergeht.«
»Vergiß die Mühle, Freund. Da ist kein Mensch zu Haus.«
»Ihr schließt kausal. Nur weil das Mahlwerk stille steht?«
»Der kurze Schluß, du weißt, war mir seit je ein Graus.«
»Und doch mißtraut dem Ohr das Auge. Was wir sehn,
Bleibt länger haften. Schnell geht, was wir hörn, vorbei.«
Sekunden Stille. Vor den Augen flirrt der Schnee.
Das Zählen gilt nicht, nichts das Schrittmaß – eins, zwei, drei.
Das Hirn hängt fest im Schädel. Tausendfach verzweigt,
Wiegt sich der Körper im Gedankengang und schweigt.

Zur selben Zeit bricht irgendwo im Unterholz der Blick
Des letzten Auerochsen, und ein Connaisseur entdeckt
Den steifen Spitzenkragen als den jüngsten Mode-Chic.
Ungläubig tauscht für ein bedrucktes Stück Papier (den Scheck)
In einer Bank in Siena jemand Münzgeld ein.
Und ein Soldat am Lagerfeuer nimmt den ersten Zug
Aus einer Tabakspfeife. Und ein Kleinkind weint,
Weil es der Vater mit der Bibel auf die Hände schlug.
Ein Thermometer mißt zum ersten Male hohes Fieber.
Der Logarithmentafel folgt der Rechenschieber.

Um diese Zeit vergleicht ein Astronom, dank Gutenberg,
Im Fahnendruck sein Opus Magnum, Blatt für Blatt.
Dann nickt er ein, erschöpft von all dem Rechenwerk.
Er träumt vom All … vom Kreisen der Planeten. Alles hat
Jetzt seine Ordnung, seine Formel, sein Gesetz.
Zum ersten Mal beweisbar ist – der Welten Harmonie.
Dank Algebra ist jeder Himmelskörper nun zuletzt
Erfaßt auf seiner Bahn, die er durchs Universum zieht.

Ein Siedler kauft, ein Herr aus Amsterdam, für wenig Geld
Ein Stück Indianerland (Manhattan) in der Neuen Welt.
Auf krummen Wegen, zukunftssüchtig, geht Geschichte.
Und doch ist Land, in manchem Menschenhirn, in Sicht.

Zur selben Zeit gurrt jemand leis: »Lehn dich an mich.«
Ein andrer schneidet eine Kehle durch. Ein Dritter lacht.
Ein Vierter zieht durchs eigne Leben einen Strich
Mit einem Becher Gift. Und wieder wird es Tag und Nacht.
Ein Mann singt eine Arie mit Kastratenstimme.
Und einer japst, weil man ihm Jauche pumpt ins Maul.
Wie immer gehts bergauf, bergab, und nie wars schlimmer.
Im Orient stirbt ein Kamel, im Okzident ein alter Gaul.
Und alles streitet sich um einen Gott, den keiner kennt.
Der Adel geht im feinen Tuch, das Volk im Leinenhemd.

»Monsieur, mich friert.« »Ich habs gehört. Wir kehren um.
Verzeih, ich war im Geist woanders, abgelenkt.
Das macht der Schnee, das grelle Weiß: der Schädel brummt.«
Wenn du dich sehn könntst so, die Stirn gesenkt.
»Was für ein Bienenschwarm, die Menschheit. Wie das summt.
Ein jeder feilscht und feiert, kocht und kopuliert.
Man glaubt hellwach zu sein, und läuft doch ignorant herum.
Ein jeder lockt mit Neuigkeiten, lügt und profitiert.
Nicht, daß ich eifersüchtig bin. An diesem Spiel
Nehm ich gern teil. Es ist nur manchesmal ... zuviel, zuviel.«

»Das sind Marotten, Herr.« »Du meinst, es ist zum Lachen?«
»Ich weiß, Ihr freut Euch, wenn da einer etwas findet,
Das Ihr gebrauchen könnt. Der Neid ist für die Schwachen.«
»Ach, wenn du wüßtest, wieviel Energie er bindet.«
»Enttäuscht mich nicht, Monsieur. Ich stell mir vor, Ihr seid
Im Innersten so wie der Schnee – Ihr absorbiert.

Was je gedacht, erfunden wurde, liegt für Euch bereit.
Tief in den Kammern Eures Riesenhirns gefriert
Zu Regel, Gleichung und Figur, was je Verstand
Und Scharfsinn fassen kann – wie unterm Frost das Land.«

»Ein Zerrbild ist, was du da malst. Der Philosoph –
Ein Eisblock, der das Pflänzchen Leben tiefgefriert.
So sieht man ihn: streng logisch, schroff, selbst unbetroffen –
Ein Werkzeug, das die Vielfalt der Natur planiert.
Das bin nicht ich. Dagegen spricht – mein Temperament.«
»Ihr seid gekränkt?« Er brummt. Stapft knietief durch den Schnee.
Die ersten Schatten haben sich ins Tal herabgesenkt.
Am Weg die Zuckerkörner schimmern. *Nonpareille.*
Die beiden Männer schweigen. Jeder denkt sich seinen Teil.
Die Kälte spaltet sie. In alles treibt sie ihren Keil.

13. Im Buch der Welt I

Das Minus herrscht. Das Plus verblaßt wie Christi Kreuz.
Und lebt nicht jedes, unerkannt, in seiner eignen Welt?
Der eine lauscht in sich hinein. Der andre schneuzt
In ein gefrornes Tuch. Die Turmuhr schlägt, ein Fallbeil fällt.
Zur selben Zeit, da einer still im Dampfbad stirbt,
Stöhnt in den Wehen eine arme Frau. Ein Esel schreit.
Ein Mönch rupft eine Gans. Ein Fäßchen Wein verdirbt.
Am Kongo bricht ein Sklavenleben an. Befreit
Lacht irgendwo ein Glückspilz auf – Millionenerbe.
In Gold glänzt Amsterdam, bald fällt Küstrin in Scherben.

»So ist die Welt.« Wer sie begreift, kommt weit herum.
Mit Sieben-Meilen-Stiefeln eilt ins allerletzte Kaff
Ein böser Zufall, und macht Maus und Säugling stumm.
Zur Seite gehn ihm Bruder Grobian und Schwester Raff.
Sie teilen auf, was von den Trümmern bleibt. Die Tränen
Sind ihre Morgengabe, ihr Geschenk am Abend.
Hier sprießt der Flaum, dort glänzt die erste graue Strähne,
Und ganze Sippen stürzen in die Kluft von Soll und Haben.
Im Blutrausch einer Nacht verschwinden Dynastien.
Was störts die Toten, ob da Störche oder Krebse ziehn?

Die Wette gilt – der nächste Tag zertritt wie Gras
Die heile Welt von gestern, die das Kindchen wiegt.
Was einmal jung war und begehrt, wird schließlich Aas.
Träg ist der Leib, Not macht erfinderisch. Der Krieg
Tritt rasch ins Haus – so ungebeten wie die Pest.
Das Epos Leben zehrt davon, daß keiner sich recht freut.
Hier reift ein Held heran, da ein Verrat, dort ein Abszess,
Nach dem Prinzip der isolierten Bilder – täglich neu.

Dem Raub Proserpinas folgt die Legende vom Erlöser.
Und ein Gedankenstrich verbindet Gut und Böse.

Die Null regiert. Sie ist das Fischmaul, das dort unterm Eis
Die Blase schluckt und wieder ausspuckt, stundenlang.
Sie ist das Röcheln, das als letztes bleibt von einem Greis.
Am Galgen ist sie, warm vom Hals, der Knotenstrang.
Sie ist des Weinkrugs runde Mündung, der Pistole:
Und ein Betrunkner starrt hinein – dann drückt er ab.
Das Loch, vor dem ein Landsknecht flehend Atem holt,
Vergeblich. Ein paar Augenhöhlen, leer im Grab.
Sie ist das Ofenrohr, in dem der Frostwind heult und lullt
Den Fettwanst in den Schlaf bei zehn Grad unter Null.

»So ist sie nicht.« »Und überhaupt, was heißt hier Welt?«
Die Welt ist mehr als nur ein Troß, der lärmt und marodiert,
Und legt in Trümmer, was sich ihm entgegenstellt.
Mehr als die Lehmwand, auf die Tod sein Signum schmiert.
Nicht nur das Schlachthaus ist sie, auch die Wunderkammer,
In der das Wal-Skelett die Bergkristalle überstrahlen.
In ihr herrscht mehr als nur Gewalt, Gewalt und Jammer.
Zum Beispiel Anmut. Und die Schönheit ganzer Zahlen.
Im Buch der Welt zu blättern, heißt: du suchst dort draußen,
Was größer ist als du. Du lauschst dem Ohrensausen.

Du folgst dem Heer. Du siehst dich um bei Hof, auf Reisen.
Du lernst die Menschen kennen, die *humeurs et conditions*.
Du lernst zu schweigen, hinzusehn, dich durchzubeißen.
Inmitten des Geschehns bist du – ein doppelter Spion,
Und in dir kreuzen sich Begierden, Interessen.
Die Praxis formt dein Urteil – jede Wunde, jeder Schock.
Du lernst die Masken lüften, wächst beim Kräftemessen.
Und blickst zurück auf dich, den Bücherwurm, den Schmock.

Ein strenger Winter reicht, ein Dank, ein Frauenlächeln nur,
Und metaphysisch um die Schläfen rauscht Natur.

So ist sie – und so ist sie nicht. Am Ende gilt,
Was dir vom Studium bleibt nach Abzug der Erfahrung.
Man kommt herum, begreift bald: Wissen ist kein Schild.
Die Wahrheit hilft dir selten, das Gesicht zu wahren.
Verrückte Welt – unüberschaubar sind sie, die Nuancen
Im selben Wort, in einer Geste, einem Augenblick.
Und erst der Traum, ein *Orbis pictus*, bringt sie in Balance.
Im Schnee die Spur ... abstraktes Weiß ... man geht ein Stück
Und sieht die Lichtung, fern dort, zwischen Tag und Tag.
Wie einfach alles ist, wie klar, solang dich keiner fragt.

14. Das Gleichgewicht der Dinge

Der Heimweg ruft. Es dämmert. Schwarze Tinte fließt
Im Sog der Wurzeln übern Himmelsrand ins Land.
Von den geduckten Bauernhütten hier und da, von Wald
Und Busch und Brückensteg bleibt nur ein Schattenriß.
Das Jahr ist alt geworden und vergeßlich. Niemand zeugt
Für all die Vielfalt, die vor Tag im Schnee verschwand.
Zwei Männer, selbstvergessen, trotten wie betäubt
Vorbei an Weiden, die wie Keulen, Morgensterne drohn.
Zwei Igel, Pfoten unterm Pelz. Der Magen knurrt.
In dieser Ödnis, ahnen sie, wird jeder Satz absurd.

Vor ihnen liegt – wofür der Winter nur Verachtung hat,
Der größte Teil des Lebens. Sie sind weit entfernt
Von Ruhm und Liebesglück und Niedergang und Tod.
Noch weiß der eine nicht, was einst Spinoza denken wird,
Sobald sein Name fällt. Grad buchstabiert der andre
Des Herren Namen, hustend, wie »Katarrh« und schnieft.
Noch sind sie jung und frieren wie die jungen Hunde.
Und keiner zeigt, was ihn bedrückt, und keiner merkt,
Wann sich der andere entfernt. Jetzt, aus den Augenwinkeln
Sehn sie sich an. »Monsieur, erlaubt, ich muß mal pinkeln.«

»Absurd, nicht wahr?« »Monsieur?« »Banal ist dieser Leib.
Das Hirn bleibt in der Deckung – doch die Notdurft ruft.
Und kampflos geben wir uns preis. Was ist, Gillot?«
»Ich kann nicht, Herr, wenn Ihr mir zuseht.« »Olala.«
Ein Stoßgebet. Dann ätzt der Strahl den Trichter in den Schnee,
Den gelben Handschuh eines Jägers. Wie das dampft.
»Woran sich zeigt: der Mensch besteht aus Flüssigkeit.
Er weint und schwitzt und pißt, und läuft doch niemals aus.«

Ein Blick nach unten … peinlich: tröpfelnd dort, das Ding
Bringt das Gewissen, einen Mißton lang, zum Klingen.

Der Hunger ruft. Doch Gott sei Dank, man ist zu zwein.
Man träumt von Punsch und gibt den Gaumen auf im Geist.
Schwarz in den Schnee schreibt eine Krähe still: Ich bin allein.
Die Kälte meißelt an der Kreatur. Das Herz vereist.
Es ist die Stunde, da kein Scherz mehr hilft, kein Husten.
Die Kiefer mahln, und scharf hervor tritt das Gesicht.
Dem Frost entspricht – der Packeisgang im Unbewußten –
Er trägt sehr weit, der Knacks, wenn da ein Knochen bricht.
Die beste Zeit zum Denken, denkt, wer jetzt noch denkt.
Am Horizont die Stadt liegt, grönlandfern, versenkt.

Ein Fiebertraum. Lang her das Ganze, längst posthum …
Sah so das Jenseits aus? Verschlungen im Geäst der Bäume,
Wird aus dem Alpha, aus dem Omega die Hieroglyphe,
Die nur ein Toter deuten kann, gleich fern von Heiß und Kalt.
Was Hier, was Jetzt? Zeugt so ein dunkles Wort wie *Ulm*
Wohl gar von Unterwelt? Denk an Marie, Francine.
Die Zeit spielt gegen dich, mein Freund. Der Raum verschweigt,
Was in dir vorging dort in deinem kurzen Leben.
Nimms nicht persönlich: du wirst sein wie nie gewesen.
Der Winter fegt uns fort mit seinem Eisenbesen.

»Gott, bin ich froh.« »*Pourquoi,* Monsieur?« »Ich weiß,
Was man so schwer begreift. Daß Raum und Zeit – wie die Ideen,
Visionen sind. Das liegt in uns, und nirgendwo als dort.
Es sind Begriffe, die uns innewohnen …« »Einspruch, Herr.
Wars nicht Natur, die damit spielte?« »Firlefanz.
Sie weiß nicht mehr davon als unsre Augen von der Welt.
Intuition allein erschließt uns, was wir niemals sehn.«
»Was ist mit einem Grundbegriff wie Schweizer Käse?«

»Den soll Parmenides dir deuten, Schelm. Ich passe.
Natur ist simpel. Jedes Kind kann sie erfassen.«

Wo war das noch und wann? In einem hellen Augenblick
Hat er das Gleichgewicht der Welt gespürt – im Schnee.
Die Stille gab ihm recht, die Dämmerung, der Sterne Glanz.
In allem herrschte Zahl und Relation. Was für ein Glück:
Von Kohärenz durchdrungen sein. »Ich habs gesehn
Wie alles schwebt im Raum, fragil, und hält Balance.«
Das war kein Wahn, kein frommes Staunen vorm Arkanum.
»Ich hab gesehn, wie ein Gedankenstrich durch alles zog.
Wie sich ein Halsband schlang um Pflanze, Stein und Tier.
Nun kommt, ihr Neunmalklugen. Kommt und de–du–ziert.«

15. Arterien und Venen

Deutsches Volksrätsel: »Es ist eine kleine Türe, /
Aber die ganze Welt kann dadurch gehen.« (Die Augen)

Was mag das sein? Es lebt bei Hof auf allen Vieren,
Zierlich von Wuchs – mit Fächern, die kein Gatte kennt.
Und dies? Vorm Bauch trägts ein Portefeuille, ein Säugetier,
Das große Sprünge macht, auch wenn es niemals rennt.
Den Klassikern ein Kerker – doch im Handumdrehn
Wird aus drei Metern Plinius und Ovid die Hintertür.
Ein heller Kopf, breit grinsend, drin kein Schatten von Idee,
Mit einer Fratze, die kein Trauerspiel mehr rührt.
Einst voller Rum, trägt sie dem Ärmsten, der sie leerte,
Leicht wie ein Korken eine Botschaft übers Meer.

Was mag das sein? Ein Rohr, von Fingern flink gelenkt,
Das an der Spitze Arabesken dir aus Herzblut spinnt.
Ein Glas mit Wespentaille, das dir sagt, sie drängt …
Drin nichts als Sand, der eingeschnürt doch rinnt und rinnt,
Ein Trank, der dir dein Bett zur Karavelle bauscht,
Und schiebt dich ab mit schwerem Kopf ins Pfefferland.
Aus Stoff ein Wehr, an dem der Tag als Nacht verrauscht:
Man prallt zurück, und sieht vor Augen kaum die Hand.
Es bürgt für dich, und ist doch nur ein Fliegendreck.
Was ists? – Die Antwort hat der Streusand aufgeleckt.

»Laß mich in Ruh, Gillot. Ich mag nicht Rätsel raten.
Du weißt, ich bin kein Kind, Merlin, das um fünf Ecken denkt.
Mein Magen knurrt. Sag an, was macht der Hasenbraten?«
»Steckt auf dem Spieß, die Schulterblätter ausgerenkt.«
»So gut gelaunt? Schau an … Mein Glückwunsch! Halali –
Wies unter Jägern heißt. Du gähnst? Ich nehme an,

Es gibt nur einen Grund für deine Müdigkeit: Marie.«
»Verzeiht, der Kochtopf mahnt, es ruft die Pfanne.«
»Ach, so ist das. Man gibt sich neuerdings diskret.«
»Herr, Ihr wißt längst, woher der Wind seit neustem weht.«

»Das arme Tier. Wenn man bedenkt, noch eben schlug
Das Herz ihm bis zum Hals, wenn da ein Ästlein knackte.
Und schließlich packt das Eisen zu. Welch ein Betrug:
Kein Habicht brach, ein Schnappschloß, ihm den zarten Nacken.
Gillot, lang zu. Ich schätze, du wirst hungrig sein
Nach solcher Nacht.« »Kein Appetit.« »Kerl, bist du krank?«
»Es ist das Fleisch, Monsieur. Es glänzt wie Elfenbein.«
»Sprich: nicht die Knochen, deine Nerven liegen blank.«
»Sie war so zart.« »Verstehe.« »Sanft und weiß wie Schnee.«
»Dich nährt Erinnerung. Ich halt mich ans Souper.«

»Da fällt mir ein: hast du gehört, was jüngst in London
Ein Arzt herausgefunden hat?« *»Excusez-moi?«*
»Verstehe, bist im Geist noch ganz bei deiner Blonden –
Der Nachbarin. Und doch, so evident wie wunderbar:
Der Anatom da an der Themse löst uns ein altes Rätsel.
Die Frage war: wie kommt es, daß im Herzen unser Blut
Den Flußlauf umkehrt? – Iß doch wenigstens die Brezel.
Nein, gib sie her. Worauf der Blutkreislauf beruht –
Paß auf, mein Freund: zeigt uns die Brezel, ein Modell.«
»Halt, halt, Monsieur! Das geht mir alles viel zu schnell.«

»Zwei Ströme sinds. Der eine führt zum Herzen hin,
Der andre fort von ihm. Zwei Kreislaufhälften schlingen
Zum Knoten sich. Das Blut, konträr im Richtungssinn,
Fließt nicht im Kreis. Bis in die Fingerspitzen dringts,
Weil es sich aufteilt in zwei offene Systeme.
Hier das Prinzip: die Brezel zeigt, wies funktioniert.

Dort in der Mitte treffen sich Arterien und Venen.
Dort liegt das Herz und pumpt.« »Ich glaub, ich habs kapiert.«
»Zwei Kammern, wo die Wellen ineinanderschlagen.
Ist das nicht toll?« »Monsieur, erlaubt, da sind noch Fragen.«

Wie kann das sein? Die Haut friert blau, und drunter, rot
Schäumt jener Saft, der Frau und Jungfrau scheidet.
Oder ein Fest, und all die Gäste sind, wie beim Tarot
Das Personal, bis zur Unkenntlichkeit verkleidet.
Ein jeder will es werden einst, doch niemand sein …
Und was ist dies: als Wünschelrute dients dem Mann,
Doch kaum erfüllt der heiße Wunsch, da schrumpft es ein.
Klippklapp bei Tage gehts, nachts schmiegts im Bett sich an.
»Hör auf, Gillot. Ein andres Spiel. Ich kann nicht dienen.«
»Weil Ihr es seid: es ist Marie – in Holzpantinen.«

16. Über das Sehen

»Sein ganzes Leben lang blieb Descartes
bis zum Mittag im Bett.«

Ein neuer Tag. Das Licht kriecht zögernd an der Wand
Hinab, wie Wasser steigt, invers, in einem Glasbehälter.
Bald ist die Stube lichtgetränkt. Draußen das Land,
Wie gestern auch liegt starr, im Griff des Winters. Kälter
Ist nun ein Adjektiv wie älter, reifer und genauer.
Eisblumen arrangierten an den Scheiben ein Bouquet
Von kristalliner Schönheit und von kurzer Dauer.
Der Steinbock pflügt mit seinen Hörnern frischen Schnee.
Vorbei die Weihnacht. Im Regal der Speck wird ranzig.
Es geht aufs Ende zu. Bald schreibt man 1620.

Descartes liegt wach. Vor seinen Augen, seit Minuten,
Schwebt mit dem Balkenholz die Decke auf zum Himmel.
Um diese Stunde hilft kein Wissen, nur Vermuten.
Noch ist kein Gipfel hier, kein Nachttopf zu erklimmen.
Es ist die schönste Zeit des Tages – das Beginnen
In aller Unschuld, ein Entwurf, noch unbefleckt.
Die Welt, noch ist sie lungenweit. Ein Punkt im Innern,
Hält sich das Ich im Labyrinth des Hirns versteckt.
Ein Schneegelände, und darin schweift frei herum –
Der Geist. Kein *Cogito*, kein *ergo* und kein *sum*.

Ein Doppelpunkt: und aus den Augen wächst die Welt.
Sie geht dem Sehstrahl auf den Leim und folgt dem Bild,
Das längst bereit liegt hier und sie auf Abstand hält.
Imaginiert, ist sie der Brei, der zum Phantasma quillt.
Im Brennpunkt sammelt sich, was dem Betrachter paßt,
Was auf dem Blickfeld bleibt vom Fechtkampf mit dem Licht:

Bald schon Tableau – in Öl ein Tafelbild, noch naß.
Ein Ausfallschritt, *retraite*, und dann der Treffer – Stich:
Ein Lidschlag nur, da plötzlich tritt aus seiner Deckung
Der Raum hervor und unterwirft sich dem Subjekt.

»Was siehst du da?« »Als blinde Fledermaus, Herr?« »Was,
Ich frag dich, siehst du da, Gillot?« »Wo zeigt Ihr hin?
Was meint Ihr bloß? Das tote Edelweiß im Fensterglas?
Im Eck dort, staubdurchwirkt, das Netz der Spinne?«
»Sieh hin. Was siehst du da?« »Mir scheint, ich hab ein Brett
Vorm Kopf. Ich seh nur Muster, Schlieren – Moiré?«
»Dann schau genauer hin. Stell dich hierher, ans Bett.«
»Nun seh ich gar nichts mehr. Ich glaub, Ihr meint den Schnee
Vorm Haus.« »Du sollst nicht glauben, sondern sehn!«
»Ich bin stockblind. Ich kann nur sehn, was ich versteh.«

»Blind bist Du nicht. Du machst nur vor den Dingen Halt.«
»Ihr habt ganz recht. Ich seh nur, was ins Auge fällt –
Wie einer, der sich an das Nächste, Beste hält.«
»Und so entgeht dir, was die Welt zusammenhält.«
»Was heißt denn Sehn?« »Gewiß nicht, an den Dingen kleben.
Lehn dich zurück, und *la lumière* wird dich entzünden.«
»Ich weiß, es gilt das Moos, den Schleier anzuheben.«
»Vergiß es, Freund. Hier gehts nicht um verborgne Gründe.
Wahrnehmen heißt, du klopfst als Blinder auf den Busch
Mit deinem Stock. So spürst du, was vorüberhuscht.«

»Bin ich nun blind, Monsieur? Habt Ihr nicht selbst gesagt –«
»Nein du, du hast geklagt –« »Und klage noch: ich bins.«
»Verwirr mich nicht, Gillot. Die Nacht ist nicht der Tag.
Gott ist nicht sterblich, und ich bin kein Kind.«
»Wie soll ich sehn, was Ihr von Euerm Bett aus seht?«
»Du sollst begreifen, daß, was du vor Augen hast,

Nur ein Effekt ist deiner Sinne. Welt entsteht
So schnell, wie du sie auffaßt – frei nach Augenmaß.«
»Dann ist das alles nur ein Traum?« »Was du hier siehst,
Ist so real wie Blut, das von der Degenklinge fließt.«

Ein Weiß, das schmerzt. So frißt der Tag sich in die Haut.
Jahrhundertwinter, melden später die Kalender.
Es kann noch Wochen dauern, eh die Erde schließlich taut.
Zurück in Platons Höhle kriecht, vom Schnee geblendet,
Ein junger Philosoph. Er bleibt im Bett. Sein Gegenüber
Mag sich der Freundin widmen in der letzten Nacht
Des alten Jahrs. Ein Wink, ein Kuß, ein Nasenstüber –
Wenn er versagt. Dann sitzt sie rittlings auf ihm, lacht.
Vorbei die Zeit. Silvester sieht wie stets, was kommt, voraus.
Es schneit, es schneit. Und Flocken wirbeln um das Haus.

17. Aus zwei mach eins

Ein Knistern läuft, ein Mäusetrippeln, übers Holz
Um Mitternacht. Nur er sitzt still und lauscht gespannt
In sich hinein. Wenn da – ein Fremdling – die Idee
Durch Wände dringt und Rad schlägt und kobolzt,
Fängt er ihn ein und schließt behutsam ihn in seine Hand.
So, innerviert vom Scheitel bis zum kleinen Zeh,
Hält er ihn fest und läßt ihn lange zappeln auf dem Blatt.
Und hier ein Schnitt, und da ein Stich, bis er den Muskel trifft,
Der es bewegt, dies Etwas. Dann, fixiert zum Präparat,
Näht er es zu mit seiner scharf gestochnen Schrift.

Zu sehn ist nichts. Im Zimmer kündet kaum ein Rascheln
Von der Aktion im Kopf. Nichts rührt sich von der Stelle.
Kein Stuhlbein bebt, wenn sich im stillen Kämmerlein
Das Medium zeigt. Von einer in die andre Tasche
Schlüpft durch Membranen, zart wie Säuglingsfontanellen,
Flink sein Kalkül, und sammelt, was es anzieht, ein.
Spitzbübisch leis, vor Glück, hört man ihn manchmal pfeifen,
Den Magier nachts bei seiner diakritischen Séance.
Nicht um Kontakt zum Jenseits gehts hier – ums Begreifen.
Nicht er, die Welt dort, wälzt gehorsam sich in Trance.

Schockschwere Not! Das hat mir grade noch gefehlt.
Ein Loch im Zahn, und weit und breit kein Äskulap ...
Noch eben brav, das Fleisch, jetzt tut es höllisch weh.
Das arme Hirn – wenn der Kadaver unter ihm sich quält,
Was soll es tun? Es kuscht, und macht am Ende schlapp.
Aus und vorbei, die Geisterstunde, Meister. In den Schnee
Steckt Euern Kopf. Das kühlt. Geht, brecht das Eis
Das Euch in Zapfen dort die Zähne zeigt, vom Fenstersims.

Dann lutscht daran, nach Kinderart. Denkt an den Greis.
Der aus Euch wird. Das Aas, das Nichts. Denkt an das Schlimmste.

Zum Zeitvertreib, wie oft, wenn er nicht weiter weiß,
Nimmt er ein Spielzeug her. Er hat es selber konstruiert.
Ein Medaillon ist es. Doch statt um Kopf und Zahl,
Dreht sichs, an einer Silberkette, um ein Bildmotiv,
Das ihn erschaudern läßt, weils auf der einen Seite
Ihm einen Vogel zeigt – und einen Käfig im Revers.
Geschwind gedreht, erscheint, ein Trick der Illusion,
Das Ganze räumlich, dank Hypnose, zum Emblem vereint.
Entfesselt ist, im Handumdrehn, von Noch und Schon
Der Augenblick. Die Lösung heißt: Aus zwei mach eins.

Und dann, mein Freund? Dort in der Zukunft, du: und dann?
Nicht Sterblichkeit ist das Problem. Sie sorgt dafür,
Daß jedem Ding, auf seine kleinste Größe reduziert,
Entwicklung blüht. – Einstweilen bohrt sie Euch im Zahn,
Hält Euch vom Denken ab, beschert Euch ein Geschwür.
Was bleibt schon heil? Und daß die Erde Tag für Tag rotiert,
Gefällt mir gut. Der Mensch im All? – Ein Vagabund.
Der Schmerz läßt nach. Er geht zu Bett, mit sich im Reinen.
Im Ofen knackt ein letztes Scheit, fällt in die Asche und
Souffliert im Schlaf den Kehrreim ihm: Aus zwei mach eins.

Das Echo tönt: »Mach eins, mach eins.« Er rafft sich auf,
Weil da ein Flüstern ist und Füßescharren nebenan.
Ein Kichern, hell, und zwei Oktaven tiefer brummt
Verärgert jemand »Sei doch still.« Dem folgt Geschnauf –
So schamlos laut, daß man nichts andres denken kann
Als eben dies ... Dann bricht es ab. Das Paar verstummt.
Aus eins mach zwei. Die Luft, wie aufgewühlt vom Akt,
Vibriert noch fort. Dann kritzelt Staub sein graues Nie

In jede Ritze. Finsternis. Und kaum zurückgesackt
In seinen Traum, begrüßt ein Seufzer ihn. *»Fait accompli.«*

Nun sind sie eins – sein Geist, sein Körper. Stumm vereint,
Ruhn sie sich aus von der Distanz, von dem Dissens bei Tag.
Die Harmonie, nach außenhin scheint sie gewahrt –
Wie trügerisch. Hier zuckt ein Lid, da lugt ein nacktes Bein
Am Bettrand vor. Das Kissen stellt, zerrauft, in Frage
Den Frieden Schlaf. Gorgonisch schlängelt sich das Haar.
Entstofflicht schweigt, wie irreal, die rauhe Winternacht.
Sie zeigt, was kommt. Auf ihrem samten schimmernden Tapet
Verschwunden ist, was je erschaffen wurde und gedacht.
Wer da noch streunt, verlorn im Schnee, wird lange irregehn.

18. Solitude

In Wirklichkeit ... war er allein und dachte viel zurück
Ans letzte Jahr. Und das davor, und manches weitre.
Der Rubikon, seit jener einen Nacht, lag hinter ihm.
Sein Leben, plötzlich schiens ihm wie aus einem Stück,
Aus einem Guß gemacht. Er war nun seltsam heiter –
Seit da, mit feinen Wurzeln, trotzig und sublim,
Gewißheit, dieses Alpenveilchen, in ihm blühte.
Janvier, René. Es war, als ob sie ihn beim Namen rief,
Die gute Fee. Zum ersten Mal war er behütet.
»Methode« war, »Prinzip« und »Regel« nun das Leitmotiv.

Die Weisung galt. Von nun an gab es kein Pardon
Für das Gekrächz der Rabenschwarzen von Kathedern.
Kein Mitleid mehr mit dem Geschwätz der Obskuranten.
Doch Vorsicht, Freund! Wer kämpft, wird kaum verschont.
Dreht sich der Wind, läßt auch der kühnste Vogel Federn.
Denkt an den Mann, der diese Erde zum Trabanten
Erniedrigt hat. Er gilt seither als vogelfrei.
Man flüstert viel – und dementiert, kaum droht Gewalt.
Nur selten frommt, im Meinungseinerlei, der frohe Schrei:
»Ich habs erkannt!« Daß Ihr mit Euerm Leben zahlt,

Bedenkt, Monsieur. Ihr habt, heißt es, Gott Mars gesehn.
Die Strafaktion, Ihr wart dabei, Soldat vor Breda.
Dort gings hoch her, nicht wahr, mit Mörsern und Granaten?
Die arme Stadt, viel Volk darin – und, war das schön:
Im Heer der Übermacht? Der Kriegsgrund? Widerrede
Plus Freiheitsdrang. »Solln sie in ihren Mauern braten.«
In fremden Diensten, Sieur, habt Ihr ein wenig Gott gespielt
Für diese Bürger, deren Sprache Ihr kaum kanntet.

Ihr wißt, wies ist, wenn man auf eine Festung zielt …
Bald seid Ihr selbst umringt, von Unvernunft umbrandet.

In Wirklichkeit … erwartet Euch viel ödes Einsamsein.
Der feste Platz, belagert von Europas Tradition,
Will erst erobert sein. Schaut aus dem Fenster – dort
Habt Ihr ein Bild der Welt so wie sie ist. Für sich allein
Im Schnee geht jede Kreatur und ists gewohnt,
Daß man ihr streitig macht, markiert vom Eigensinn, den Ort.
Den Ausbruch, früh gewagt habt Ihr ihn. Die Substanz,
Von der Ihr schwärmt, bevorzugt den Gesang im Chor.
Sie mag es nicht, wenn sich da eins in sich verschanzt.
Das wahre Ich – in der Natur kommt es nur selten vor.

In Wirklichkeit … hält kaum ein Ding der Analyse still.
Befreiter Geist – was soll das sein? Ein Loch im Eis?
Worauf, im Tanz der Flocken und Partikel, läßt sich baun?
»Was folgt, Monsieur, aus der Geburt des freien Willens?«
Es gibt Granit, und Quarz, Basalt und Glimmer – Gneis
Heißt das Gestein. Nur schwere Hämmer können es zerhaun.
Und es gibt Lehm, und Gras und Kriechtier, Fisch und Lurch.
Wo der Planet ins Breite geht, steht als Äquator,
Ein Breitenkreis, der schneidet diese Kugel mitten durch.
»Ist da ein Ich – dann seid Ihr, Herr, sein Reformator.«

Apropos Schnitt: dasselbe Hirn, das ein Skalpell
Wie Butter teilt, behauptet Ihr, sei jenes Instrument,
Das Stein bezwingt und Erdreich aufsprengt und erschließt,
Was als Passion und Seele lauert unter dickem Fell?
Dem Winter trotzt, wer mit bereiften Wimpern ihn erkennt
Und sieht im Schnee, berechenbar, das Goldne Vließ.
»Vom Sinnbild frei, Gillot, macht dich erst der Begriff.«
»Was niemand sieht, Monsieur, wie soll man das verstehn?«

»Es ist die Zahl, die zählt. Das Gleichnis, voilà, es trifft.
Doch mehr auch nicht. Erscheinung ist, was wir da sehn.«

In Wirklichkeit … »Ja, was?« »Ist da, uns fremd, ein Ding,
Von dem wir wenig wissen. Ein Bestimmtes, menschenfern,
Entzieht sichs uns und strahlt durch sämtliche Metaphern.«
»Ein Wort zuletzt.« »Ganz recht: im Vielerlei distinkt.«
»Wenn auch abstrakt.« »Und dringt doch durch zum Kern.«
»Wie Schüttelfrost.« »Und zwingt, brutal, sich aufzuraffen.«
Die Kälte kratzt. So macht der Winter zur Bastion
Das Warmblut Mensch. Er zwickt die Finger, beißt den Zeh.
Gedankenstill durch alle Ritzen kriecht er. Sukzession
Schließt den Begriff zum Ring und Ihr sitzt fest: im Schnee.

19. Ein Brief

»Herr, Ihr habt Post. Ein Brief.« »So früh im neuen Jahr?
Wie kann das sein, wo in Europa Eiszeit herrscht?
Die Alpen unpassierbar, alle Pflasterstraßen dicht –
Sag, welche Gemse hat sich meiner da erbarmt?«
»Ich war am Markt, und gleich die erste Kutsche brachte
Den Gabensack, darauf das Wappen Thurn & Taxis.«
»Lies vor, was auf dem Umschlag steht.« »Dem Chevalier
René Descartes, in Neuburg wohnhaft an der Donau.«
»Das kann nur einer sein. Wer sonst kennt mein *cachette*?
Die Schwalbe flog aus Holland her zu mir ans Bett.«

»Mein lieber Beeckman! Eben las ich Euern Brief,
Der mir ein Lichtblick war in meiner Wintereinsamkeit.
Ihr schreibt wie immer so, daß mir die Rübe rauscht
Von all den Neuigkeiten in der Republik der Geister.
Man fühlt sich recht als Murmeltier, wenn man da liest,
Was sich in Leiden tut, in Amsterdam, Florenz und Prag.
Den alten Brahe wirft Freund Kepler aus der Bahn,
In England wird Frau Welt der Unterleib seziert.
Bewegung überall, *attaque* – bald sind die Dinge nackt.
Nur ich lieg hier auf Eis. Mich hält der Winterschlaf gepackt.«

»Ich bin ein Nichts. Ein Nichts, ganz quittegelb vor Neid.
Ich fühl mich ausgeschlossen, Freund. Mein letzter Halt
Ist mein getreuer Diener, der mit mir die Klinge kreuzt.
Bei Gott, wenn er nicht wär, ich wäre längst verblödet.
Ihr wißt ja selbst, der Intellekt gleicht einem Reh,
Das leicht im Schnee versinkt und an Entkräftung stirbt.
Der letzte Trost ist ihm die Kugel, sprich: ein rascher Tod –
Mit andern Worten, in der Technik liegt die Hoffnung.

Wenn alles aus Atomen sich zusammensetzt, besteht
Die Chance, daß es im Wälderfrühling munter aufersteht.«

»Das Schlimmste ist: ich muß hier ohne Werkzeug denken.
Mit einem Gänsekiel trifft man doch allenfalls ins Blaue.
Fällt Euch kein Trick ein, Freund, wie man aus Worten
Geräte macht? Ihr schreibt von Lupen, Prismen, Linsen« –
Doch das sind *nomen* nur. Und ich bin Realist.
Les ich ›Sextant‹, seh ich als Landbewohner gleich das Meer.
Das Auge unbewaffnet und die Hand klebt am Papier –
Das ist die Lage, Freund. Nicht eben rosig. Notabene,
Es geht mir gut. Ich hatte neulich erst ein paar Visionen.
Genug, mit Theorie will ich für heute Euch verschonen.«

Er kichert leis. Er weiß, wie man ein Schriftstück schließt.
Für ein Bekenntnis ist es noch zu früh. Diskret,
Sein rechter Fuß tritt unterm Tisch den dicken Stagiriten …
Hoch auf dem Bücherbord die Bibel dreht ihm stumm
Den Lederrücken zu. Der eichne Lehnstuhl knarrt,
Beleidigt von den allzu jungen Knochen. Sitzfleisch braucht,
Wer sich mit Patriarchen anlegt. Nichts für Eulen –
Der Flug durch alle sieben Himmel päpstlicher Physik.
Jetzt ein Schluck Wein. Rubinrot schimmert der Burgunder.
So ist der Mensch – hofft noch im Käfig – auf ein Wunder.

Ich bin in Deutschland. Bald gibts Krieg. Das lange Warten
Treibt die Gedanken ins Gestrüpp und in den Wald,
Der hier besonders dunkel ist und zum Verlaufen.
Da ist der Waldrand – die Armee. Und dort die Straße,
Die wir gekommen sind vor Wochen, nunmehr unsichtbar,
Versiegelt wie das Reich der Plötzen unter dickem Eis.
In enger Stube schmort er hier, der Hintern warm
Vom Kachelofen. Nur die Seele hüpft vor Glück.

Mag dort der Rabe auf dem Aas Europas Zukunft deuten –
Du mußt, René, dein Leben ändern. Hier und heute.

Laßt Deutschland ruhn. Der Narr im Schellenkleid,
Mag er ruhig zappeln, bis die letzte Hellebarde bricht.
Solln sie sich schlachten, dreißig Jahr lang. Glaubensstreit
Ist nicht dein Fachgebiet. Wenn Christen Christen morden,
Was gehts Euch an? Ihr seid nur Gast hier – kein Spion,
Der mit politischem Instinkt das Jagdrevier sondiert.
»Gillot, komm rein und steh nicht vor der Tür. Es stört,
Wenn einer lauscht. Du kennst es längst, mein Selbstgespräch.«
»Monsieur, ich schwörs –« »Wie lautet Regel Nummer Sieben?«
»Von dir wird bleiben nur, was du einst aufgeschrieben.«

20. Krieg und Physik

»Wie gehts Marie?« »Hat viel zu tun. *Comme ci, comme ça.*«
»Was andres – den Traktat, den ich dir gestern gab,
Hast du kopiert?« »Ihr ahnt nicht, was heut früh geschah.«
»Machs kurz. Dir sei verziehn.« »Ein Offizier vom Stab
Des kaiserlichen Heers war hier in dringender Mission.
Sie suchen Nachschub für das Winterlager. Frisches Fleisch.«
»Der Bauer gibts, der Landser nimmts.« »Nicht um Rationen
An Schinken gings und Speck. Sie wollten junge Weiber.«
»Du meinst –« »Die suchten Huren für ihr Feldbordell.«
»Und du?« »Ich hab dem Oberst was von Syphilis erzählt.«

»Gib zu, sie schielt.« Der Held verstummt. »Hast du gehört?«
»Und wenn, was macht das schon?« »Es macht sie – *très apart.*
Ein leichter Silberblick, und *voilà,* ich bin betört.
Als hätte die Natur auf diesen einen Augenblick gespart.
Ich kann nichts tun: sobald ich seh, ein Mädchen schielt,
Bin ich wie magisch von ihr angezogen.« »Herr,
Was für ein Spiel ist das, was Ihr da mit mir spielt?«
»Ein Makel, nicht? Doch ihm zu widerstehn, fällt schwer.
Von Schultern, Schenkeln im Zusammenziehn entzückt,
Bin ich nach Augen, wenn sie schielen, schier verrückt.«

»Ihr seid sehr grausam. Mit Marie wär um ein Haar
Ein Unschuldslamm dem Häscher da ins Netz gegangen.«
»Sie hatte Glück, daß mein Gillot zur Stelle war.«
»Ihr lacht mich aus.« »Nicht doch. Um einen Menschen bangen,
Ist menschlich, Freund. Denn wär nicht alles nur Physik,
Wenn jede Seele hölzern blieb wie Kirchgestühl?
Im Krieg zieht mancher sich in ein Stück Stahl zurück.«
»Monsieur, Ihr sprecht von Liebesdingen schrecklich kühl.«

»So ist es Liebe?« »Nennt es – stille Sympathie.«
»Grund des Disputs ist nicht ihr Leib, nein vielmehr: sie?«

»So ungefähr.« »Gillot, so kommen wir nicht weiter.
Du weißt ja, was die Körper antreibt, sind Affekte.
Materie ist Bewegung – Kampf ihr Wegbereiter.
Geschlechterstreit, was sonst, soll Lebensgeister wecken?«
»Ihr scherzt, Monsieur: Krieg sei gesund? Geschlechterzank
Hat uns das Paradies gekostet ...« »Arme Eva.
Ein Schuft wie Adam macht das stärkste Weibsbild krank.«
»Das war kein Mann. Ein Faultier war der, Siebenschläfer.«
»Ganz recht, in Schwung bringt uns die Unruh im Gehirn.«
»Wie kommts, daß wir dann immerfort im Ziel uns irrn?«

»Die Frage steht. Nur wird sie meist zu früh gestellt.
Erst kommt der Stein, ein Stoiker. Dann mag der Schnee
Uns Auskunft geben, der auf Stein und Pflanze fällt.
Dann sind die Tiere an der Reihe. Jede Muskelfaser zählt,
Wenn wir sie bloßstelln anatomisch – Automaten.
Das Tier führt aus, was ihm der Reiz als Nervimpuls diktiert.
Dann wird das Hirn erforscht – vom kleinsten Vertebraten
Hinauf zum Menschen, der dank Sprache sich maskiert.
Und erst, wenn Glied für Glied Natur durchwandert ist,
Begreifst du, wie das Zittern kommt, wenn sie dich küßt.«

Gillot wird rot. Zum ersten Mal, seit sie hier sind,
Zupft ihn sein Herr am Arm. Schau an, das Junggenie
Gibt sich jovial und war doch eben noch ganz Kind.
Was weiß der, Priesterzögling, schon von Frauen wie Marie?
Und doch, sein Schweigen geht zu Herzen wie Musik.
Ein ganzer Zyklus liegt darin – so sprach die Sphinx.
Descartes steht auf, entläßt Gillot aus seinem Blick.
Sekundenschnell tauscht ihm der Spiegel rechts und links.

Und da erkennt er sich – in ihm, dem andern, dupliziert.
»Monsieur, wacht auf. Mir wird ganz bang, wenn Ihr so stiert.«

»Ihr spracht vom Krieg.« Man hört es klirrn. »Wißt Ihr auch wann?«
»Wenns in den Fässern gärt, sagt man: bald gibt es Wein.«
»Herr, seid Ihr lebensmüd? Dies ist ein fremdes Land.
Kein Haus, wenns hier erst kracht, wird uns mehr gastlich sein.«
»Du übertreibst. Als Militär weiß ich nur dies:
Ein jeder Krieg steht in den Sternen, und von dort
Kommt das Signal, wann einer auf den andern schießt.
Und merk dir eins: im Krieg spricht keiner mehr von Mord.
Und nicht auf Liebe, auf Reflexe kommt es an.«
»Und dann?« »Gilt nurmehr Aug-um-Auge, Zahn-um-Zahn.«

21. Moral auf Zeit

Ich war erregt. Ich war, ich weiß es noch wie heut,
Tief aufgewühlt. Das triffts. All diese Massen Schnee.
Kein Mensch vor mir ging in Gedanken je so weit.
Ich war – wie außer mir – im Empyreum – *excité.*
Gott steh mir bei, ich hab geglaubt, ich werd verrückt.
Da half nur eines: Buße tun. Geh, mach dich auf
Zur Jungfrau von Loretto. Sei getrost, sie bringt dir Glück.
Ein strenger Winter. Alles fror. Nur ich lag schnaufend
Im Fieberwahn wie nie zuvor – und nie seitdem.
Wie sich das All von innen anfühlt, Brüder? Angenehm.

Es war November. Kälteeinbruch. Schneesturm schnitt
Nach jeder Himmelsrichtung mir den Rückzug ab.
Die Außenwelt, sie widersprach dem Traum des Heraklit.
Kein *pantha rei*, nur Stillstand, Stau landauf, landab.
Und ich, kein Seher, trieb im Bett umher und fror –
Ein Eremit im Nirgendwo. Von Schnee und Eis blockiert,
Die Landschaft kam mir wie ein zweites Grönland vor.
Ich saß für Wochen fest, im Winterschlaf, ein Murmeltier.
Und da geschahs. Da endlich stieß ich auf den Grund
Der neuen Wissenschaft und sah die Richtung und –

Mein lieber Freund, Ihr sagt, Ihr lebtet seinerzeit allein?
Doch Euer Diener schwört, er war bei Euch und war verliebt.
Ich war sehr einsam dort. *Das muß ein Märchen sein.*
Ihr wißt es selbst: Gedächtnis ist ein grobes Sieb.
Ich war so einsam, daß ich Selbstgespräche führte,
Und Traum und Wachen, Tag und Nacht war alles eins.
Das ging so weit, daß ich im Schlaf mich selbst berührte,
Nur um zu prüfen: wem gehört dies Schlüsselbein.

Ihr dementiert, hier vor den Toten, jedes Wort?
Nur wir, mein Alter ego und ich selbst, warn damals dort.

Vielleicht wars das: kaum einer wußte, wo ich war.
Ich war nur Kopf und Handschrift – nur der Kleiderhaken,
An den man Hut und Degen hängt. Mich selbst kaum wahr
Nahm ich. Mit Fassung, schweigend, hab ich es ertragen,
Wenn mich der Spiegel eiskalt um mein Bild betrog.
Nach aller Reflexion blieb von mir nur – mein Geist.
Der reine Spiritus, bis auch noch der verflog.
Ich lag im Bett und fragte mich, wie die Person dort heißt,
Nur mit mir selbst verkehrend. Da, wie Noahs Taube
Ließ er sich nieder, der Gedanke. Kaum zu glauben.

Ich war erlöst. Ich war ein neuer Mensch. Erst jetzt
War ich mir sicher: ja, René – du bist, du bist.
Ich Esel hatte jahrelang aufs falsche Pferd gesetzt.
Ich war wie er, der auf sich selbst hereinfiel, wie Narziß.
Ich war werweißwie froh, wenn ich am Tisch das Knie
Mir blutig stieß, ein Tannenzweig mir auf die Schulter schlug.
Einst biß mich eine Katze, und ich Mondkalb schrie
Vor Freude auf. Du lebst, du lebst! Der Selbstbetrug
Lag mir im Blut. Ich war – es stank aus allen Poren –
In meiner faulen Haut versumpft bis über beide Ohren.

Auf einen Schlag, so sagt Ihr, mitten in der Nacht
Hat Euch ein Geistesblitz erweckt. Ihr wart sehr jung,
Kaum dreiundzwanzig. Stimmt, ich hab früh nachgedacht.
Ich war noch Kind, da lag Latein mir auf der Zunge.
Die Jesuiten nannten mich, kein Scherz, *facundus.*
Wenn ich Quintilian spielte, war die Klasse mäuschenstill.
Der Sinn, der Unsinn flog mir nur so aus dem Munde.
Ich war begabt, na und? Ich wußte, was ich will.

Das lose Maul hat man mir, trotz Doktrin, verziehn.
Und was mir fehlte, hab ich mir kiebitzt. D.h. geliehn.

Moral braucht Zeit. Sie ist sehr schläfrig. Manchmal fliegt
Ein Ball dir an den Kopf, und du stehst da und träumst.
Ich hab ihn früh begrüßt, den Dämon, früh besiegt.
Du kommst nur durch, wenn du das Feld beizeiten räumst.
Ich war in Form. Ich seh ihn noch, die Stirn gesenkt,
Den jungen Mann im Zimmer: mich. Der Winter hält
Den Tag mit Eisenpranken. Und ein Menschlein überdenkt
Die große Unbekannte draußen – jene Glitzerwelt.
»Tabula rasa« murmelt er, der dort noch immer sitzt.
Er atmet ruhig. Er scheint weit weg. Er lacht verschmitzt.

22. Lob der Pferde

Es hat geklopft. Bild ich mir das nur ein? Es klopft.
Am Fenster dort, ist das – ein Dorfgespenst? Sieht aus –
Mich tritt ein Gaul! Ein ausgewachsner Pferdekopf.
»Gillot, komm schnell. Mir scheint, uns steht Besuch ins Haus.«
»Bin schon zur Stelle, Herr. Sagt an, was soll der Krach?
Die ganze Bude wackelt.« »Wenn ich vorstelln darf –
Schau, wer dort mit den Hufen scharrt. Sag Guten Tag.
Leg ab die Maske, Pegasus. Du bist entlarvt.«
»Habt Ihr das Pferd bestellt, Monsieur?« »Kann sein.
Mach auf die Tür. Bitt unsern edlen Gast herein.«

»Monsieur, Ihr scherzt.« »Nur zu, ich will mich amüsiern.
Ich fühl mich einsam heut in meinem Bücherstall.«
»Ihr wollt – im Ernst, daß dieser Gaul dort durch die Tür ...«
»Und ob. Das Gastrecht gilt hier drin wie überall.«
»Hier ist kaum Platz für zwei.« »Gewiß, gleich wird es eng.
Da heißt es, Tisch und Stuhl beiseiterücken.«
»Bedenkt, ein Pferd schlägt aus, wenn mans bedrängt.«
»Ich gebe zu, das Tierchen muß sich leider bücken.«
»Herr, lieber geh ich selbst für Euch auf allen Vieren.«
»Nun mach schon. Soll das arme Roß dort draußen frieren?«

»Hereinspaziert! *Bonjour.* – Ein kolossales Tier.«
Kantapp, kantapp. Das Pferd tritt ein. Es schnaubt und steht.
Ein Spiegel klirrt. Es schaut sich um, höchst konzentriert.
Gott, wie der Blick der Kreatur zu Herzen geht ...
Wenn man die Tragik sieht des Tierseins, das Bemühn –
Und diese Würde ... *Honnête homme*, man fühlt sich schlecht.
»Laßt Euch nicht störn. Ich bleib im Flur. Ruft einfach Hüh,
Wenn Ihr was braucht.« »Schon gut. Ich komm allein zurecht.«

Es spitzt die Ohrn. Die Flanken zucken. Leicht gequält
Hebt es den Schweif – und *plopp:* ein Pferdeapfel fällt.

Man starrt sich an. Verblüfft, der eine sinnt: wie sonderbar
Sieht so ein Pferd doch aus. Der andre testet, ob das Eis
Auch wirklich trägt. Er senkt den Kopf. Verlegen scharrt
Sein Huf die Dielen. Von den Augen bleibt nur Weiß …
Gib ihm ein Zeichen, denkt der andre, und sagt streng:
»Hab keine Angst.« Dann räuspert er sich, tief beschämt.
Hättst du geschwiegen, Philosoph. Der andre denkt –
Nein, der denkt nichts. Er starrt zu Boden wie gelähmt.
F3 Cheval – G1 Le Roi. Ein Zug … *Sapienti sat.*
René Descartes in seiner Ecke denkt: »Schach matt.«

Pferde sind schlau. Es heißt, sie könnten kalkulieren.
Der lange Schädel, recht besehn, hat was von Lautenform.
Doch was herauskommt, statt Musik, ist nur dies Wiehern.
Und erst der Arsch – breit wie ein Scheunentor. Enorm,
Was sie an Lasten schleppen, wie geschwind sie laufen.
Schön anzuschaun, das sind sie, doch wie alle Tiere dumm.
Man hätte sie, wärs anders, längst wie unsereins getauft.
Bei aller Anmut dieser Leiber, ihr Gemüt bleibt stumm.
Am besten eignen sie sich noch als Postament
Für Denkmalhelden, wie sie das Geschichtsbuch kennt.

»Vergib mir, Brauner. Doch nur, wer sich selbst erkannt,
Ist Teil der denkenden Substanz.« Mit einer Kerze malt
Der Philosoph den Schattenriß des Prüflings an die Wand.
»Siehst du dein Bild? Wenn in dir Geist steckt, *cher cheval:*
Beweis es jetzt!« Er bückt sich, malt mit Kreide auf das Holz,
Wie einst der Mönch dem Kind die Gleichung 3 plus 5.
Das Tier weicht scheu zurück. Das Tier hat seinen Stolz.
Am Schlüsselloch sieht jemand zu, wie es die Nüstern rümpft.

Dann kommt es näher, freundlich, das Gebiß gebleckt – –
»Denk dir, Gillot, es hat die Rechnung einfach aufgeleckt.«

»Ein kluges Tier. Auf einen Schlag – Problem gelöst.«
»Was heißt hier klug? Das war wohl kaum der Übung Zweck.«
»Daß es als Pferd sich gab, seid Ihr ihm darum bös?
Herr, was erwartet Ihr? Bewußtsein etwa, Intellekt?«
»Maschinen sinds. Man kann die Viecher nur bedauern.«
»Monsieur, es heißt, die Seelen wandern. Manches Pferd
War einst ein Flügelroß und manches ein Kentaur.«
»Doch keins war je, wie unser Thomas von Aquin, gelehrt.«
»Gelobt das Pferd – geduldig läßt es sich dressieren.«
»Nun, was für Theologen gilt, gilt auch für Tiere.«

23. Vom Grundgedankengang

»Ein Fastnachtsspuk. Ich glaub, mich trat im Traum ein Pferd.
Ihr seid doch stets, Monsieur, für eine Überraschung gut.«
»Freut mich, Gillot. Nur unser Wirt hat sich beschwert.«
»Ein Mensch, bei dem ein wenig Trinkgeld Wunder tut.«
»Allmählich fühl ich mich hier wie auf Eis gelegt.
Ich langweil mich, komm mit dem Schreiben kaum voran.
Wie stehts mit dir? Dir geht es gut, solange *er* sich regt ...«
»Schön wärs. Man hat uns nachgespürt. Ein Denunziant
Gab der Patronin einen Wink. Als wär im Dorf die Pest,
Steht nun mein Täubchen unter Hausarrest.«

»Man wird noch blöd. Dieselbe Leier Tag für Tag.
Zwölf Schritte längs und sieben quer, mein Kaiserreich.
Pah, Ermitage! Ein primitiver Hühnerschlag.
Nachts, wenn du bibbernd übern Hof zum Abtritt schleichst,
Haut dir ein Weidenkorb die Funzel aus der Hand.
Zur Rutschbahn wird die Stiege, und dein Ellenbogen
Malt einen Blutfleck an die rauhe Scheunenwand.
Zum Waschen und Rasieren – nimm den Schweinetrog.
Der Schnee liegt meterhoch. Der Pfad ist spiegelglatt.
Gillot, ich hab dies Interniertsein gründlich satt.«

»Mir gehts wie Euch. Die Zeit, seit unserm letzten Rendezvous,
Fließt kaum noch ab. Der Schnee macht völlig stumpf.
Die Häuser rings verrammelt, alle Fensterläden zu.
Die Beine taub und leer der Kopf – bin nur noch Rumpf.«
»Erbarmen, Mensch.« »Monsieur, seid ihr denn besser dran?«
»So kanns nicht weitergehn. Ich frage dich, wofür
Ist Trübsal gut?« »Daß man noch fromm wird irgendwann.«
»Gott steh uns bei. Man soll die Zweifel mutig schüren,

Solang sie glühn. Es lohnt die Mühen. Denn zuletzt
Gehört dir nur, was dort am Aschengrund sich setzt.«

»Ein Dichterwort. Aus Euch spricht wieder der Poet.«
»In trüber Stimmung klingt der Gauner wie sein Richter.
Jedoch mein Thema, lieber Korydon, ist kein Sujet
Wie Nachtigall und Schäferstund und Sternenlicht.
Ich sprach vom Zweifel. Und der Zweifel meint die Kur,
Bei der du ausschwitzt, was da trübe in dir kocht.
Der Zweifel steht im Denken für die heiße Spur,
Die zeigt, wohin die Reise geht. Er ist das enge Loch,
Durch das du, Kopf voran, dich zwängst. Er ist der Grund –
Doch dort, statt Ja und Amen, steht nur: Und, und, und ...«

»Im Zweifelsfall – sind doch wohl alle Katzen grau.
Wo nichts mehr feststeht und kein Wort mehr stimmt,
Soll ich – Herr, seht mich an – auf *meinen* Riecher baun?«
»Im Zweifelsfall – halt dich am Zweifel fest. Er nimmt
Und gibt dir, nimmt und gibt dir ganz von selber Halt.
Vergiß Euklid. An Archimedes denk und seinen Dreh-
Und-Hebelpunkt, an dem ein Kind selbst diesen Erdenball
Mit bloßem Daumendruck aus seinen Angeln hebt.«
»Ihr meint, im Zweifelsfall –« »Ich seh, du ahnst es schon:
Kann dir nur einer helfen – deiner Mutter Sohn.«

»Ihr sprecht von mir?« »Wie du da stehst, ein wenig krumm.
Du zuckst zurück, und ergo fühlst du dich gemeint.«
»Das sind die Zweifel, Herr. Das geht so in mir um.
Bin ganz zerstreut.« »Und Selbstgewißheit sammelt ein,
Was Zweifel dir in Stücke schlug.« Geschenkt, geschenkt,
Denkt sich Gillot, und senkt den Kopf. Er weiß es besser.
»Ihr macht Euch lustig. Nur weil manchmal hier was denkt« –
Er tippt sich an die Stirn – »wird aus mir kein Professor.«

»Doch gibst du zu, da ist etwas, das denkt.« »Mir scheint,
Monsieur, mit diesem Etwas bin nicht ich gemeint.«

Descartes gibt auf. Und sofort ist sie wieder da,
Die üble Laune von heut Morgen. Aus dem Hosenbund
Zieht er die goldne Taschenuhr, Geschenk vom Herrn Papa.
Der Rücken schmerzt. Sein Kiefer eitert. Stund um Stund
Versickert nun im Schnee das Licht, die Himmelslache.
Wenn eins nicht weiß: ich bin, was weiß es dann von Gott?
Du Heide, denkt er noch, Gillot. Und muß schon lachen.
Dann macht ein Blick ins Manuskript ihn wieder flott.
Da steht der Tisch, von Claesz gemalt. Die Dinge grüßen.
Das Römerglas, das Apfelmesser, ein paar Nüsse.

24. Von Schlafwandlern, Taubstummen

»Zeitlebens hatte der große Rationalist
ein Problem mit den Tieren.«

»Montaigne träumt. Er meint, ein Tier hat mehr Verstand,
Als mancher Mensch. Ich sag, hier irrt der gute Mann.
Ein Papagei, nur weil er spricht, beweist noch nichts.
Und wenn der Hund, die ihn da füttert, Herrchens Hand,
Nie beißt, heißt das noch lang nicht, daß er denken kann.
Mag sein, daß so ein Hundeblick die Herzen bricht.
Sie sind sehr treu, sagt man. Sie winseln noch am Grab,
Und heulen auf zum Mond – doch ists derselbe Impetus,
Der ihm befiehlt: kratz dich am Ohr, leck dir den Anus ab.
Wer da von Trauer spricht, Verständnis, redet Stuß.«

»Und doch, Monsieur. Das Vieh harrt aus, der Magen knurrt,
Und wacht am Grab des Herrn, läßt keinen Fremden ran.
Nehmt nur das Pferd – es riecht den Schlächter meilenweit.«
»Das Tier hat Angst. Es spürt den Stärkeren und spurt.
Instinkt empfiehlt ihm, sieht es Menschen: paß dich an.
Für ein Stück Fleisch ist selbst der Wolf zur Pirouette bereit.«
»Verkennt Ihr, Herr, nicht die Talente einer Maus,
Die uns belauscht? Die List des Füchsleins in der Klemme?«
»Kein Tier, mein Freund, kommt je aus seinem Fell heraus.
Arm dran sind sie, keins klüger als im Meer die Schwämme.«

»Der Affe laust sich. Schön. Er gleicht von fern dem Kind,
Das imitiert, was ihm die Amme zeigt. Doch dieses lernt,
Der andre äfft, wie schon sein Name sagt, er äfft uns nach.
Sie täuschen uns. Gewiß, die armen Kreaturen sind
Geschickt darin, wie hohle Spiegel zu verzerrn,
Was menschlich wirkt. Doch als Betrüger sind sie schwach.«

»Und sind uns doch, begabt, in vielem weit voraus
Dank ihrer Stacheln, Rüssel, Muskeln ...« »Unbewußt,
Das mag schon sein. Ich gebe zu, es kennt sich aus
In der Natur, das Tier. Und bleibt doch eine taube Nuß.«

»Wer kennt das nicht: die Blase drückt, es juckt im Kreuz.
Braucht es viel Grips, um auf den Reiz zu reagiern?
Man ißt, man schnarcht, und das geht gut auch ohne uns.
Doch wer sah je, wie eine Dogge sich verlegen schneuzt?
Kein Schaf errötet, sinkt vor Scham auf alle Viere.
Was weiß die Katze, die sich ziert, von Gracians Kunst?
Kein Tischgebet – bevor die Sau sich auf die Eicheln stürzt.
Wir sind wie sie, wenn wir den Stoß parieren im Duell.
Beim Liebesspiel – wenn erst das Mieder fällt, die Schürze,
Und dir wird flau, ist es nur Leidenschaft, die zählt.«

»Nimm mich, Gillot. Ich war als Kind *très somnambule.*
Schwamm nachts durch Flüsse, die mich Wasserscheuen tags
Verschlungen hätten. Und warum? Ich tats im Schlaf.
Sprich: absichtslos. Was mich da trug, war ein Gefühl.
So gehts dem Tier. Es denkt sich nichts. Keins, das je fragt.
Ein Automat, so lebt es hin, vom Trieb versklavt.«
»Und lebt doch sicher, weil es schärfer hört und sieht.«
»Ein Uhrwerk, stimmt, das monoton die Stunden schlägt.
Die Schwalbe kommt, der Winter geht. Keins überlegt,
Was es als nächstes tut. Das ist der Unterschied.«

»Herr, täuscht Euch nicht. Denkt an die Kraniche im Flug.
In Reih und Glied, soldatisch streng, ziehn sie dahin.
Denkt an Euklid, und seht den Wabenbau der Bienen.«
»Das gräbt und baut, und doch ist keines wirklich klug.
Kein Maulwurf sinnt. Kein Biber sagt sich stolz: Ich bin.
Kein Reh, zum bösen Menschenspiel, macht gute Miene.

Analphabet ist jedes Tier. Es kennt sie nicht,
Die Worte und die Zeichen, die uns lesen helfen
Im Buch der Welt. Ein Mensch, auch wenn er niemals spricht,
Weiß, was gemeint ist mit dem Motto dort in Delphi.«

»*Erkenn dich selbst!* Nenn mir ein Tier, das sich erkennt.
Selbst blind und taub, er weiß genau, was ihn bewegt,
Der Mensch. Und ergo wissen wir von ihnen mehr,
Als sie von uns. Zu dumm, sie haben ihn verpennt –
Den Aufbruch, Freund. Nicht nur im Winterschlaf zu träg,
Das ganze Jahr tappst so ein Bär gedankenlos umher.«
»Ihr seid sehr grausam, Herr. Hat nicht Montaigne recht,
Der klagt: kein Mensch kann je so fremd sein einem Tier
Wie seinesgleichen?« »Leider wahr. Wenn er, bezecht,
Nach Hause schwankt, will ich für nichts mehr garantiern.«

25. Ein Ketzer stirbt

Was war das? Angst? Verflucht, wofür war der wohl gut,
Der Seelenkrampf? Er macht aus braven Bürgern Tiere.
»Die Angst vorm Tod, sie lähmt und fesselt den Verstand.
Sie mischt ein Salz, ein starkes Gift in unser Blut.
Sie macht aus Lämmern Wölfe, aus den Schafen Stiere –
Die heimlich Hasen sind, in Wahrheit hirnverbrannt.«
»Da ist was, Herr, das Euch beschäftigt, wie mir scheint.«
»Mich läßt nicht los, daß wir erpreßbar sind und feig.
Dieselbe Kraft, die Leib und Seele insgeheim vereint,
Vernichtet uns, sobald sie uns zu Kopfe steigt.«

»Wie ungerecht. Du dienst der Wahrheit, und der Preis
Ist ein geschwächtes Herz, das weiß, es wird bedroht.
Es fühlt den Schuß voraus, der es zerreißt, es riecht das Pech.
Schon beim Gedanken an die Daumenschrauben wird ihm heiß.
Es ist das Fleisch – wenn es sich selber wittert, blutig roh,
Zuckt es zusammen.« »Herr, mir wird ganz schlecht,
Wenn ich Euch reden hör. Ich kriege Gänsehaut.«
»Der arme Mönch.« »Meint Ihr den Wirrkopf, der in Rom
Gebraten wurde auf dem Marktplatz? Herr, mir graut,
Vor diesem Säkulum.« »Du weißt, was man Glaukom

Nennt im Doktorenwelsch?« »Man wird wohl blind davon,
Sagt mein Instinkt.« »So ists. Blind wie die Fledermaus.
Genauso trübt die Angst den Geist. Das Hirn, umschleiert,
Versagt den Dienst. Da hilft kein Schlaftrunk dir, kein Mohn.
Man schrumpft und friert.« »Worauf, Monsieur, wollt Ihr hinaus?«
»Hoch über uns, in Scharlachroben, kreisen Geier –
Kannst du sie sehn?« Was er wohl meint? Da sind nur Raben.
»Du bohrst und bohrst, und einestags stößt du auf Gold.

Und plötzlich sagst du dir: ach, hätt ich nie gegraben.
Du siehst, wie Unheil, Tyches Kugel, dir entgegenrollt.«

Zur selben Zeit. An anderm Ort. Ein Mann in Ketten
Bereitet sich aufs Sterben vor. Er ist noch jung,
Naturverliebt. Ein Schloßhund heult. Früh kräht ein Hahn.
Kein Mea culpa, kein Gebet im Stillen kann ihn retten.
Ein Delinquent, weil ihm das Herz lag auf der Zunge …
Kein Arm reicht weiter als der Arm des Vatikan.
»Die Hitze, spürst du sie, Gillot? Den Funkenregen?
Da schmort ein Mensch. Und ringsum mampfen sie Maronen.«
Ein Glöcklein schlägt. Die Menge johlt. Man spricht den Segen.
Ein Gnom verkauft, im Dutzend billig, Dornenkronen.

Vanitas, was? Allein sein Name schon – Vanini.
So heißt kein Held, kein Märtyrer. Er scheint sehr zäh …
All die Gelehrsamkeit, seht nur, wie das verpufft.
Und wie das duftet, wie der Rauch zieht durch die Pinien.
Die Haut, in Fetzen hing sie ihm herab, habt ihr gesehn?
Kein Vaterunser kam mehr aus ihm raus, dem Schuft.
Ach, halb Toulouse ist auf den Beinen. *Ja, zu meiner Zeit,*
Da gabs noch Scheiterhaufen. Und die Mädchen weinten.
Ich weiß nicht, dieser Bruno tat mir wenigstens noch leid.
Nachher, die Kinder fischten aus der Glut sich das Gebein.

»Ist Ratio kalt?« »Und wennschon. Besser eisig kalt
Wie Zirkelstahl als siedend heiß wie Papas Bratenrost.«
Ein Mensch verbrennt, und zwei, drei Straßen weiter schnarcht
Ein fetter Faun im Vollrausch. Ungehört verhallt
Hier ein Gebet, und dort wird jubelnd eine Kuh verlost.
»Sind wir nicht heimlich doch noch Heiden, mein Thaliarch?
Der eine hurt, der schlemmt, ein Dritter wird geröstet,
Nur weil Natur ihm heiliger als Dummheit war.

Der schmort im Knast, wo ihn Boethius als letzter tröstet,
Und der, ein Christ, schlitzt Bäuche auf wie ein Barbar.«

Dissolve frigus. »Schnell, leg etwas Brennholz nach.
Das Feuer stirbt.« Er weiß, im Dunkel dort, der andre weint.
Er kennt die Angst. Sie kriecht herauf an kalten Mauern –
Eins mit dem Wintersturm. Vermutlich lag er wieder wach.
Wie sonst der Ausspruch »Wer das Eis bricht, ist allein«?
Christiaan, mein Sohn, bist dus, der um mich trauert.
»Sous le climat glacé …« *Ich hör dich gut heraus, posthum.*
Stephanus, alter Ketzer, schau, jetzt hast du deinen Frieden.
Lohnt das die Qual – ein Augenblick auf Erden Ruhm?
»So oder so, Gillot. Was wahr ist, kehrt doch wieder.«

26. Im Buch der Welt II

»Ut pictura, ita visio.«
(Johannes Kepler)

Nimm eine Nuß. Was steckt da drinnen? Brich sie auf.
Schau, eine Walnuß gleicht dem Hirn mit seinen Hälften.
Mit feinen Fasern an der Schale hängt das Mark –
So fest wie hier die graue Masse unterm Scheitel.
Zieh ab den braunen Bast. Er schützt die Kernsubstanz
Wie jene Haut das Menschenhirn, die *dura mater.*
Darunter findest du, schneeweiß, mit hundert Furchen,
Ein kleines Himmelreich. Probiers. Es schmeckt nach Nuß.
Was du da ißt, gleicht dem Organ *en miniature,*
Durch das die Welt hindurchhuscht wie durch eine Tür.

Jetzt schließ die Augen. Geh spazieren durch dein Hirn.
Denk an den Ausflug letztes Jahr. Was siehst du noch
Von jenem Wintertag dort draußen vor den Toren?
Ist da ein Bild, das festumrissen im Gedächtnis blieb?
Du weißt: das Auge macht sich von der Welt sein Bild
Im Passepartout. Es fälscht, verzerrt und retuschiert
Auf seiner kleinen Leinwand, der gekrümmten Netzhaut.
Wie Kepler sagt: das Sehn gleicht selber einem Bild.
Was wirklich sichtbar ist, bleibt so diffus wie Dreck.
Es ist das Bild, das uns als Dorn im Auge steckt.

Halt an den Strom. Geh ihn zurück, den Strahlengang
Durch Schnee und Winterluft und Zeit. Was siehst du da?
Den Kahn, der senkrecht steckt im Eis, die Planken leck.
Kinder auf Schlitten seh ich, kreischend dort am Hang.
Ein kleines Fischerboot auf Kufen kommt mir nah.
Am Ufer Reißighaufen. Leiterwagen, schneebedeckt.

Eislöcher, und Gestalten, die sich darum tummeln
Mit langen Stangen, vorn ein Dreizack – Fischestecher.
In flachen Zubern schwimmt die Beute. Eingemummt,
Das Fischweib an der Waage seh ich, ihren Glühweinbecher.

Soweit der Teich. – *Der draußen vor dem Städtchen lag.*
Viehzäune seh ich, krumm, und hinten, schief, die Dächer
Des nächsten Dorfs, zwei Meilen fern. Und vorn sehr scharf:
Den schwarzen Besen, der dort aus der Fensterluke ragt.
Den Bauerntölpel – eine Fresse wie der Schächer
Zur Linken Christi, der nach uns den Schneeball warf.
Den Rinderschädel, an ein morsches Scheunentor gehängt.
Den Taubenschlag. Gillot, der fragt: »Verkauft ihr eine?«
Ich seh den Schlammweg dort, gefrorn. Die Kuhmagd schwenkt
Ein Weihrauchfaß, die Jauche. Ihre Streichholzbeine.

Was siehst du noch? *Ich sehe Ochsen, Schafe, Schweine –*
Vielmehr, ich seh sie nicht. Sie sind im Haus versteckt.
Man sah das Grunzen, roch das Blöken überall im Stroh.
Es war, als bohrte sich der Blick durch Mauersteine.
In einem Bottich schlief ein Hund. Den hat Gillot geweckt.
Da waren Gänse, die wie immer barfuß gingen. Irgendwo
Lag da ein Pferdeapfel, herzerwärmend frisch.
Vor einem Faß stand eine Sau und zog den Zapfen raus.
Ein Rind lag, aufgeschnitten, auf dem Schlachtertisch.
Und eine Katze flüchtete vor uns ins nächste Haus.

Soweit das Dorf. *Moment, da war noch was. Da stand,*
Hoch auf dem Fenstersims, ein Klompenpaar. Dort wuchs
Ein Bäumchen aus dem Fenster. Und ich weiß nicht, warns
Die Holzpantinen, wars der Erlentrieb gleich nebenan –
Da blieb ich stehn. Und sah hinauf. Und wurde rot. Der Luchs
Gillot, er funkelte mich an. Umsonst. Er war gewarnt.

Soweit das Dorf. Was noch? Den Weg, am Wald entlang.
Vor uns die Felder deckt, weißgrau, ein Leichentuch.
Ich dreh mich um und seh die Kreuze dort am Ortsausgang.
Die Landschaft, aufgeschlagen liegt sie, wie ein Buch.

Die Seiten blank. Es steht nicht viel darin. Der Schnee,
Mit unsichtbarer Tinte, schrieb das eine Wort: Vergiß.
Geblendet war das Auge – Tal und Hügel nivelliert.
Die fahle Wintersonne, dicht verschleiert, glich dem Mond.
Es war dasselbe kalte Licht wie nachts im hohen Norden.
Das Land lag, eine Kohlezeichnung, vor uns ausgerollt.
Ich seh den Ulmenbaum, sehr einzeln, im Geäst die Krähen,
Die dort wie Fledermäuse schwirrten. Schwarz schraffiert –
Die Mühle in der Ferne. Einen Mann, der dringend muß …
Und da die Himmelswölbung, winzig klein. Wie in der Nuß.

27. Mücken vorm Fernrohr

»Der Papst hat recht!« »Monsieur, der Papst hat immer recht.
Er ist der Adjutant –« »Des Herrn. Gott seis geklagt.
Das mein ich nicht. Schau her: hier steht sein treuer Knecht.
Du grinst?« »Nein, fahrt nur fort. Was habt Ihr grad gesagt?«
»Der Papst hat recht, hab ich gesagt.« »Woran genau
Habt Ihr dabei gedacht?« »An unsern guten Galilei.
Der alte Mann im Vatikan ist einfach schlau.
Falsch liegt, wer glaubt, es ginge ihm um Ptolemäus.
Er stellt nur Fragen. Etwa so: Sag, durch dein Glas,
Was siehst du da? Wächst auf dem Mond auch Gras?«

»Verstehst du, Freund? Er will nur wissen, was man sieht
Durch so ein Rohr. – Die dicke Luft in einer Sommernacht?
Den Tanz der Mücken um das Licht? Den Staub, den Dreck,
Der auf der Linse klebt? Wo liegt der Unterschied,
Der mir beweist: dies ist ein Haar, das dort ein Schacht
Im fernen Mondgebirg? Für dich scheint es ein Fleck
Auf Lunas Wangen, eine Sandbank dort im toten Meer ...
Für mich ists – ein Gewitter. Fern am Himmelsrand,
Der Juden Auszug aus Ägypten – sprich, ein Wolkenheer.
Schau, welche Mondlandschaft – allein in meiner Hand.«

»So denkt der Papst?« »So denkt sein Stab. Die Kardinäle,
Die Bischöfe, Legaten denken so, all die Experten
In Chiromantik, Astrophobia und Logorrhöe.
Und recht hat er. Man muß den Standpunkt besser wählen.
Was, wenn das Instrument den Strahlengang verzerrt?
Vertraun ist gut und Augenschein – auf Erden. In der Höh
Braucht es Kontrolle. Ja, der Papst hat nachgedacht.«
»Und darum hat man Galileis Ideen verstoßen?«

»Nicht ohne Grund. Wie lautet Regel Nummer Acht?«
»Verstand ist aufgeteilt – gerecht. In kleinen Dosen.«

»Und jetzt der Clou. Was er da sah, war in der Tat verzerrt.
Er ahnte nichts von Refraktion. Er war naiv.
Vorm Teleskop war er von Zweifeln unbeschwert.
Dort stand der Erdtrabant, und hier – sein Objektiv.
Ob sich da Wolken ballten, Regentröpfchen sprühten,
Ob da aus Afrika ein Sandkorn an den Linsen kratzte
Und vor dem Brennglas Würmchen oder Elfen glühten:
Er sah nur die Tonsur, gefleckt – den Mond als Glatze.
Er sah ihn so wie du vorm Fenster dort, kristallen klar,
Im weißen Samt die Kratzspur siehst des Pferdehaars.«

»Ihr meint, Saturn ist, Jupiter, so sehr, so wenig wahr
Wie die Geschichten, die man sich vom Paradies erzählt?«
»Das Paradies, hast dus gesehn, wie den Popo Maries?«
»Die Menschheit fabelt gern, und doch klingts wunderbar
Plausibel.« »Diesen Apfel, schau, hab ich mir grad geschält.
Du siehst die Rundung, Form und Farbenspiel. Präzis?
Der Apfel zeigt sich, wie er ist. Kein Mensch mißtraut
Den eignen Augen. Sie erst malen dir sein Bild.
Natur hat längst dich überlistet. Sie ist schlau.
Da ist ein Ding, sehr rund, für das der Name Apfel gilt.«

»Ich bin gespannt. Ihr seht mich an den Fingern saugen.
Und doch: macht Ihr aus einer Mücke nicht den Mond?«
»Gesetzt den Fall, der Papst hat recht. Was sagt uns dies?
Von den Planeten schließen wir zurück aufs eigne Auge.
Die Optik zeigt, was uns an Täuschung innewohnt.
Das Teleskop – man muß es umkehrn wie den Spieß.
Der wahre Himmelskörper steckt, das ist der Trick,
Im Schädel hier.« Gillot, verblüfft, fängt an zu blinzeln.

Descartes, der ihn fixiert hat, haucht nur »*Dioptrique* …
Das ist das Zauberwort. Die Lehre von den Linsen.«

»Stell dir den Blinden vor. Der Stock lenkt seinen Schritt.
Die Dinge regen sich. Er weiß, was ringsumher geschieht.
Was ihm der Stock, ist uns das Licht. Es teilt uns mit,
Daß dort ein Baum, ein Haus steht, da ein Rebhuhn flieht.
Denk nur ans *Jeu de paume* – so prallt, dem Ball gleich, uns
In tausenden Partikeln Licht aufs Auge. Sonnenlicht
Trägt uns das Bild der Gegenstände zu als feinen Dunst.
Und je nachdem, wie so ein Ding die Flugbahn unterbricht,
Erscheints uns blau und gelb und rot, und manchmal weiß.«
»So kommts, daß Schnee –« »Ganz recht, so undurchdringlich gleißt.«

28. Europa schwelt

»Ich rieche Krieg.« »Und ich den Frühling, Herr. Man spürt
Die Erde, aufgekratzt, schon unterm Schnee. Es taut.«
»Kaum ist er fort, ich sags dir, bricht die Hölle los.«
»Wie Ihr das sagt. Ihr scheint, Monsieur, ganz ungerührt.«
»Ataraxie? Schön wärs, mein Chryssipos. Wer traut
Der Weihnachtsruh? Europa war noch nie der Schoß
Des Abraham. Auf meinen Reisen kreuz und quer
Sah ich die Zeichen an der Scheunenwand. Der Winter stank
Nach Pulverdampf. Die Bestie, langsam kriecht sie näher.
Nur ich sitz hier und frier.« »Ihr werdet doch nicht krank?«

»In Österreich, in Böhmen, Polen – immer schien
Der Horizont verriegelt von demselben grauen Himmel,
Der zuckte auf, wenn in der Ferne ihn ein Kirchturm stach.
Der Wein, beim Krönungsfest, wie bittre Medizin
Hat er geschmeckt. Das Wildbret roch, das Brot war schimmlig.
In Danzig nahm man mir, frag mich nicht wie, beim Schach
Die Dame ab. In Prag rief so ein Giftzwerg: Katholik!
Auf allen Routen Schlamm, Bewegung – Truppen, Truppen.
Vor Wien verhexte mich ein Weib mit bösem Blick.
Man sah ihn überall, metallen seine Drachenschuppen –

Den Schlachtengott. Lafetten, Äxte, Lederpanzer.
Das wälzte sich durch Fluren, lärmend, brach durch Wälder.
Und Pontons sah ich, Knüppeldämme. Jeder Strom,
War er nur breit genug, zog, Lanzen aufgepflanzt,
Viel Fußvolk an. Ich sah den Troß, die Pferdemelder,
Und mir war klar: da tut sich was in den Provinzen Roms.«
»Ihr macht mir Angst. Was soll ich hier?« »In diesem Loch
Sind wir geschützt. Der Winter ist des Krieges Feind.

Die Amsel schlägt, bevor er an die Haustür pocht.«
»Dem Heer entgegenziehn: habt Ihr das ernst gemeint?«

Er war zerknirscht. Am Martinsabend noch so aufgebläht –
Jetzt schrumpfte es, sein frischgebacknes Ich. Mit Fieber
Ging er, vom Vollmond angewidert, früh zu Bett.
Fast Mittag wars, wie immer, wenn er aufstand – spät.
Sein Spiegelbild rief beim Rasiern ihm zu: Du Tagedieb.
Du kannst mich mal, gab er zurück. Vorm Kopf das Brett
War längst liniert, beschriftet mit *x*, *y* und *z* –
Noch unbekannt, den Variablen jeder neuen Gleichung.
Die Zukunft war, scharf galoppierend, ein Kornett.
Was war ihm Krieg? Nichts, das bis an die Schwelle reichte.

»Was wißt Ihr sonst?« »Entschuldige, ich war zerstreut –
Wovon, Gillot?« »Kommt er nach Deutschland, Euer Krieg?«
»O, er wird furchtbar sein – vor allem hierzulande.«
»Monsieur, das klingt, als ob Ihr Euch klammheimlich freut.«
»Auf Glatteis geht, wer je in Sicherheit sich wiegt.
Krieg reißt dich fort. Kein Stein bleibt auf dem andern.
Verbrannt die Ernte, Stadt und Land wird überflutet.
Das Kind schon hat, kaum wecken Trommel und Schalmei
Den Urinstinkt, den Krieg als Zeitvertreib im Blut.
Verlaß dich drauf, pro oder contra, man ergreift Partei.«

Europa schwelt. Es dunkelt. Rauch steigt vom zerrissnen
Altartuch auf. *Introitus* … Das Mittelalter ist vorbei.
Erbärmlich ist, was so ein Christ von Kindheit an,
Sobald er denkt, mit sich herumträgt im Gewissen.
Zerwühlt, verführt, geprüft: sein Hirn, es gleicht dem Brei,
Durch den er watet hier auf Erden. Wie profan
Erscheint sein Herz ihm, der Lakei des schwachen Fleischs.
Jerusalem und Wittenberg, Sankt Peter, Notre-Dame –

Die Rose dreht sich. Krieg, die Geldmaschine, kreischt.
Und jeden, gottvergessen, überlebt die Scham.

»Schau dort, der Rost. Die Stumpen – schaurig wie Gebein.
Die Flamme leckt. Sie schält die feuchte Rinde ab.
Das schwelt und qualmt. Doch bald schon prasselts, knallt
Wie Schüsse, hinterrücks. Von allen Seiten falln sie ein,
Zerteilen Christi Reich und schaufeln überall sein Grab.
Mit Weißglut wird, Gewalt, in harter Münze heimgezahlt,
Was Nächstenliebe war und wärmte manchen Herd.
Das Feuer, lichterloh, bald frißt es den Verstand.
Krieg zahlt sich aus, und reichlich Ehre winkt, Salär,
Dem, der da aufspringt und entfacht den Flächenbrand.«

29. Verdacht, Verdacht

Er war nun krank. Und von dem fröhlichen Duett
Blieb nur Gestöhn im Bett. Dann fiel das Aufstehn aus.
Die Tage gingen. Keiner rief ihm zu: Du wirst gebraucht.
Und statt zu schreiben, spielte er mit den Manschetten
Am Morgenrock. Verschwitzt, das schwarze Haar zerzaust,
Lag er, seit Tagen ungewaschen, auf dem Bauch.
Die Kissen feucht – er fieberte, und wirr vom Schnupfen,
Rieb er aus Mitleid schluchzend seinen kleinen Zeh.
Er war allein. Zu schwach, zu matt, ein Huhn zu rupfen
Mit diesem Hurensohn Gillot. Und draußen Schnee.

Monsieur, wacht auf. Er bringt Euch noch um den Verstand,
Der Schnee. Er legt den stärksten Geist zuletzt auf Eis.
Seit Tagen starrt Ihr auf den Fleck da an der Wand.
Besinnt Euch doch. Ihr wißt, was sonst noch keiner weiß
In diesen Breiten. Alles schläft. Die Landschaft klirrt
Im Frost. Die Welt bleibt unerkannt und unbegründet.
Ist es nicht *seine* Handschrift, die dort lesbar wird?
Ist Schnee nicht, was auf einen Blick die Formen bindet?
Nur Ihr entkommt – mit Glück – dem Labyrinth der Zeit.
Er schrieb an Euch. Die Botschaft heißt: Es hat geschneit.

Hyperbeln sinds ... und Sinuskurven. Sprich: Funktionen –
Was Ihr da seht. Ein Geometer zog dort klare Linien.
Und wie vorm Reißbrett liegt, geteilt in weiße Zonen,
Vor Euch der Raum – weit offen, eine Silbermine.
Nun rafft Euch auf. Demnächst ist Krieg. Kein zweites Mal
Herrscht solche Ruhe weit und breit. Zum Greifen nah
Liegt da ein Text zu Euern Füßen – ganz aus Zahlen.
Doch er winkt ab. Er lauscht vorm Fenster (*Krah-krah-krah*)

Dem Raben, der dort einsam Totenwache hält.
Er döst. Er seufzt – bevor er abermals in Tiefschlaf fällt.

Apropos Schnee. War da nicht irgendein Indiz
Für eine Ordnung jenseits des Humanen, wie sie seit
Pythagoras die Philosophen suchten? Dort im Schnee –
Habt Ihr gesehn, wie alles, kräftegleich, im Weltraum schwebt?
So schwebt im Mutterleib das Kind. So schwebt das Blatt
Im Eimer Milch. In seiner Flüssigkeit schwebt so das Hirn.
Im All der Mond, im Meer, der ihn nie sieht, der Leviathan.
Schaut Euch ruhig um – im Innern Eurer Seifenblase.
Vom Schnee hellwach dort draußen, streut die Nacht
In jeden Winkel Eurer Stube den Verdacht.

Descartes, hab acht. »Wer spricht da? He Gillot, gib Laut.«
Er sinkt zurück, als keine Antwort kommt. Es rauscht
Wie Brandung ihm im Ohr. Am Fuß der Alpen taut
Derselbe Schnee, der sich ums Bett in Falten bauscht.
Sein Schädel dröhnt. So dröhnen Kriegstrompeten, Glocken.
Lawinen donnern. Er erschrickt. Und dann, erbost,
Schlitzt er die Kissen auf. Im Zimmer tanzen Flocken.
Es schneit – und Daunen wirbeln. An den Wänden, groß,
Wird aus der Kissenschlacht ein Wintersturm. Descartes
Wälzt sich wie einer, der aus Geiz sein Geld verscharrt.

Ihr stellt Euch taub? Nicht wahr, was sich zusammenbraut,
Das spürt auch, wer nichts ahnt von Viren und Mikroben?
Geschichte droht. Ihr fühlt Euch schwach. Ein Krieg zieht auf.
Im Erdreich, bald, wird frisches Menschenfleisch verdaut.
Dann werden Gier und Blutrausch durch die Lande toben.
Was unterm Schnee hervorsprießt, wird vom Zeitenlauf
Hinweggemäht. Die Städte brennen, Zivilisten baumeln
Am Ast im Frühlingswind. Kein Gott hat das gewollt …

Landsknechte, die von einer Schlacht zur nächsten taumeln,
Sind zu Verrat und Niedertracht bereit, stimmt nur der Sold.

Sie ist vorbei. Sieur du Perron, die schöne Zeit, sie wird
Nie wiederkehren. Einen Winter lang vorausgeeilt
Dem eignen Schatten seid Ihr, jung und vogelfrei.
Das ist ein Anderer, der morgen durch Europa irrt.
Venedig, Rom, Florenz, Paris: der neue Mensch verweilt
Kaum länger irgendwo als einen Monat oder zwei.
Ich sehe Achsenbruch – und Flucht bei Nacht – und Raub –
Und Degenkampf. Ich sehe Abenteuer und Amouren.
Und eine Dame klagt: »Der kennt nur eins, woran er glaubt.«
Monsieur, bald stellt man überall – nach Euch – die Uhren.

30. Romanze im Winter

»... von Grund auf neu.« »Verzeiht, Monsieur, ich hab versäumt,
Wie Euer Satz begann.« »Schon gut, ich war in Schwung.
Mein Dämon sprach ...« Und angriffslustig, aufgeräumt,
Fügt er hinzu: »Wie gehts der Venus auf dem Dung?«
Wie taktlos, denkt Gillot. Und kontert stilgerecht (Pasquill):
»Ach, ich vergaß: sie lädt demnächst zum Hochzeitstanz
Mit einem Metzgerssohn aus Ulm. Ihr Brotherr will,
Glaubt man Marie, ihr Bestes nur. Die Ehe steht
Ganz unterm Stern von Leberwurst und Ochsenschwanz.
Trauzeugen sind Sir Roastbeef und Madame Kotelett.«

»Das tut mir leid.« »Schon gut, der Schmerz läßt langsam nach.
Und übrigens, Ihr habts nicht mal gemerkt.« Das saß.
»Ganz rote Augen hast du.« »Stimmt. Hab gestern Nacht
Im Traum Marie umarmt. O Mann, wir hatten unsern Spaß –
Wie letztes Jahr ...« »Vergiß die Frau. Schau, eine Pflanze
Gehört dem Mutterboden. Du beschnüffelst sie, begießt
Sie ein paar Wochen lang – und Schluß mit der Romanze.
Das schmerzt. Weiß Gott, was gibt es Schöneres als dies:
Den Sonnenstrahl, der sich im Wassertropfen bricht,
Bevor er platzt auf einem Blütenblatt?« »Herr, in Verzicht

Kenn ich mich besser aus als Ihr. Mir tuts nur leid
Um unsre Zeit, die Zweisamkeit. Um dieses – Märchen.
Die Angst, entdeckt zu werden, war so süß, die Heimlichkeit.
Und unser Flüstercode –« »Hier Kuckuck – hallo Lerche?«
»Ihr lacht mich aus? Denk ich an all die kleinen Sünden,
Das Kichern nachts, die Balgerei, tu ich mir selbst fast leid.
Allein der Schnee: uns war er, unsichtbar, die Tinte,
Das Briefpapier. Zu dumm – kaum hatte es geschneit,

Ging uns die Post verlorn. Das ists, kein Souvenir,
Kein Veilchen blieb, kein Haar, nicht eine Zeile mir von ihr.«

»Auch ich hab mich verliebt.« »Wie das? Man merkt es kaum.«
»Platonisch nur. Und doch, wir haben uns gefunden.«
»Wie sieht sie aus?« »Bildschön, soviel ich sah – im Traum.
Sie war sehr drall, sehr blond, die Maid, ein Busenwunder.
Sie schwamm im Geld. Ein Häubchen rahmte, goldbestickt,
Ihr Milchgesicht. In ihrer himmelblauen Robe
Hielt sie vorm Spiegel sich den Bauch. Ihr feuchter Blick
Hing an den Kacheln, den Fayencen, Lüstern, Globen.«
»An welche Dame, Herr, habt Ihr dabei gedacht?«
»April, April. Mein Herzblatt ist: die Stadt der Grachten.«

»Frau Amsterdam. So, so. Wohin der Gulden rollt …
Vraiment, ein Prachtweib. Wohlgenährt, verflucht verlockend.«
»In ihrer Wäsche Seeluft. Licht, ihr Spinnrad, zaubert Gold,
Das auf den Türmen blitzt. Hochschwangre Hansekoggen
Lotst sie, zu Hunderten, in ihre butterweiche Bucht.
Und Luken auf! Ost-Indiens Schätze, Chinas Kostbarkeiten
Sind flugs in Zollbüro, Kontor und Truh verbucht.
Am Marktplatz schüttelt sie, aus farbenfrohen Kleidern –
Gewürze, Silberschmuck, Muranoglas, Orangen, Porzellan,
Kurzum: die Fracht.« »Ihr blüht ja auf, mein lieber Schwan.«

»Sie fehlt mir sehr. Ich muß zu ihr. Ist dieses Rubensweib
Erobert erst – die Republik der Niederlande,
Dann kennt man dich. Dann weiß Europa, was du treibst.«
»Vergeßt nicht, Herr – Ihr schwärmt für eine Unbekannte,
Die tausend Freier hat an jedem Finger ihrer Hand.«
»Doch die sind viele – ich bin einer. Warum Eifersucht?
Wie lautet Regel Nummer Zwölf?« »Bleib fein galant.
Wart, bis du einestags zum Zug kommst. Eine Dame

Fällt, überrascht, dir zu.« »Gillot, sie hat mich ausgesucht –
Nicht umgekehrt. Verstehst du wohl?« »Und meine Flamme,

Was wird aus der?« »Die löscht der Frühling, nicht der Schnee.
Glaub mir, dein Mädchen hast du schon im März vergessen.«
»Ich habs versucht. Es geht nicht. Kaum, daß ich sie seh
In ihrem Flickenkleid, tuts wieder weh. Den Schlössern
Am Hoftor wächst ein Bart aus Eis. Sie dreht sich weg
Beim ersten Pfiff. Kein Schneeball trifft mich hinterrücks.
Kein Licht im Fenster, das mir sagt: Komm ins Versteck.
Sie gleitet fort von mir. Ihr weißer Leib ist kaum mehr wahr.
Jetzt holt sich Zeit, die schwarze Witwe, kalt zurück,
Was sie uns gnädig ließ, als wir ihr ausgeliefert waren.«

31. Ars memoriae

Ein toller Hecht. Und so verschwiegen, so galant.
Ich wußte gleich, der ists. So hat noch nie ein Herr gelacht,
So frei heraus. Ein Götterliebling, der den Frühling bringt.
Ich schwör bei Gott: mich hat noch nie ein Mann erkannt.
Was sollt ich tun? Der Winter hat mich schwach gemacht.
Im Sommer bin ich stark. Dann bin ich wie der Fink
Im Käfig dort, mein Liebling. Immer auf dem Sprung.
Kein Kerl tritt mir zu nah. Die Bauerntölpel wissen:
Mit der ist nicht gut Kirschen essen. Keusch und jung,
Steif wie ein Brett ist die. Wird rot, kaum gehts ans Küssen.

Und wie er sprach. Gebrochen Deutsch, so zierlich süß,
Daß man zerschmolz bei jedem *Isch*. Und Knie hieß Nie.
»Isch weiß, das klingt sehr ridikül. Du mußt mir elfen ...«
Perfekter Lügner. Niemand sah, wie er mich grüßte.
Wenn er mich rief, hieß es nur *Fräulein*. Nie Marie.
»Isch muß an Holland denken oft. Du kennst doch Delft?
Die Mühlen hier, die Weiden, sie erinnern misch daran.
Nur auf die Teisch fehlt mir die Schlittschuhläufer.«
Die ganze Nacht lang Schwärmerei. Bloß was der Mann
Vom Herrgott sprach, klang fast wie diese Wiedertäufer.

Ich dachte nur: die Augen zu und durch. Ich glaub,
Noch nie hab ich mich so gefühlt – vor Sehnsucht blind.
Und nie im Traum sah ich so schauderhaftes, wirres Zeug –
Von fernen Sternen, Schlittenfahrt und Frauenraub.
Und plötzlich war ich Mutter, und mein totes Kind
Lag da, seziert. Ein Doktor rief: »Sie hat es nie gesäugt,
Das Luder, seht!« Sie scheuchten mich, ich war das Huhn.
Und dann kam er, sah schmunzelnd auf das Pack herab.

Nackt stand ich da, unendlich dankbar, neben meinen Schuhn,
Vom Frost verführt. Soll ich bereun, was ich ihm gab?

Der Kopf ein Saal, darin Gemälde, streng nach Plan plaziert,
Imago für *imago* von der Schöpferwelt dort draußen,
Und aus der Stirn wächst – unsichtbar, ein Hirschgeweih,
Erinnerung, die jede Impression markiert
In Raum und Zeit: so ist der Mensch bei sich zu Hause.
An jedem Ort versteckt er heimlich sich ein Osterei …
Ein Souvenir, ein kleines, buntbemaltes Pfand, das mehr
Als tausend Briefe sagt. Ein Bild, ein ganz bestimmtes Wort,
Verinnerlicht, reißt Perspektiven auf im Ungefähren.
Doch kaum fällt Schnee, sind all die Hinweisschilder fort.

»Zu sehn, ist eins. Nur, woher weiß ich, was ich seh?«
»Indem das Hirn die Echtheit prüft, der Archivar.
Zu jeder Ansicht, aus dem Fundus seines Bilderschreins,
Fischt er, selbst blind, das Musterstück – und am Signet
Erkennt er, was da frisch hereingespiegelt wird, als wahr.«
Hier der Beweis: scheint nicht im Rückblick lupenrein,
Der Lebensweg wie aus der Zukunft projiziert?
»Gedächtnis gleicht – nie mehr zu glätten, einst geknickt,
Mit seinen Falten dem Papier.« »Nur hab ich nie kapiert,
Warum ein Bild, ein bloßes Weibsbild uns derart entzückt.«

Es gab mich nie. Ich bin von Kopf bis Fuß erfunden.
Man kennt nur ihn. Von mir schweigt jede Chronik.
Doch manchmal wars, als ob mich seine Augen riefen:
Diotima, Sophia – was weiß ich? Aus jeder Rundung
Saugte sein Blick, sein Zungenschlag, den süßen Honig,
Der uns verklebte. »Erzchen, sieh doch, Ieroglyphen,
Embleme sinds …« Er hat mir mancherlei erklärt.
Und ich war mehr, beileibe mehr, als »Meine Süße«.

Die Frau im Traum war ich, und er – mein Schaukelpferd.
Und seine Zirbeldrüse? Heißt heut Hypophyse.

Du gehst, du siehst, und ringsum schneits. »Nennt Ihr das Denken?«
»Ich denke, heißt: ich nehme wahr, reflexhaft schnell,
Was hier geschieht. Hier in mir drinnen. Wo ich bin.«
»Auch ohne Körper, Herr? Versteh ich recht? Beim Henker,
Ihr meint, man schlüpft, sobald man denkt, aus seinem Fell?«
»Ob du je warst, mein lieber Freund, steht noch dahin.«
Gottnah, ein Punkt, so flammt sie auf im Flockenfall,
Die Existenz ... Momentlang wird ein Mensch im Schnee
Zum Ebenbild, wie er dort stapft und trägt in sich das All,
Bevor ihn Zeit schluckt, Landschaft, und sein Ruf verweht.

II

»Alles aber steuert der Blitz.«

Heraklit

32. Ein Blitz schlägt ein

Die Wände kahl. Das Zimmer kalt. Verfaultes Stroh
Quillt aus zerschlissener Matratze. Dort im Bett
Hat er gesessen tags, und immer hieß es bloß *Gillot, Gillot.*
Dies war sein Arbeitsplatz: ein Klapptisch – halb Tablett,
Halb Zeichenbrett. Dort sah man ihn, bei Kerzenlicht,
Wie er die Augen schloß, minutenlang verharrte,
Und plötzlich auffuhr, murmelnd: »Nein, ich faß es nicht ...«
Weit fort war er dann, wie entrückt – als offenbarte
Just hier und jetzt die Welt sich ihm. Ihm ganz allein.
Er lachte gern. Und oft schlief er im Sitzen ein.

Zwölf Wochen blieb er. Nur der Kachelofen weiß,
Was er so trieb den lieben langen Tag. Und auch das Bett
Hat viel gesehen, viel geschluckt – und nicht nur Schweiß.
Diskret sind sie, die Dinge. Dort am Fensterbrett,
Der Scherben Spiegelglas, verstaubt, hat sie studiert –
Die junge Stirn, den Philosophenkopf, sein Kinn.
Er schweigt sich aus – so wie der Tisch, der Stuhl, die Tür.
In diesen Mauern hat ein Mensch gesagt »Ich bin«?
Muß lange her sein. Von ihm blieb – so gut wie nichts.
Verkohlte Blätter im Kamin. Ein Fleck. Ein Tintenstrich.

Es riecht nach Pferd. Hier wurde lange nicht gelüftet ...
Und jeder weiß noch was. Er trank. Sein Deutsch war schlecht.
Den Degen trug er, nach der Mode, auf der Hüfte.
Ein Mann von Welt. Beherrscht. Sehr höflich. Guter Fechter.
Nur eins fiel auf: so jung, und führt schon Selbstgespräche.
Er sprach im Schlaf. Und phantasierte ungeniert bei Tag.
Maskiert die Jugend, auf den Lippen stets ein Lächeln –
Hellwach war er, ironisch, spitz. Der Typ, der niemals klagt.

Des Nachbarn Magd, Marie, wird heut noch rot,
Wenns heißt: »Monsieur wünscht Wein zum Abendbrot.«

Ein Rätsel bleibt. – Der Mann, der mit dem ersten Schnee
Quartier nahm hier, von allen Furien gehetzt, verwirrt,
Und jener Herr, der uns verließ nach Wochen mit *Ade*:
Wie ausgetauscht, ganz Chevalier, mit feschem Sporenklirrn,
Erschien er uns. Wie sich ein Mensch verändern kann …
Man spürte gleich: in diesem Winter war etwas passiert
Mit ihm. Man sahs ihm an der Nasenspitze an.
Er war ein Andrer jetzt, wie neugeborn, so scharf rasiert.
Und noch eins kam – uns schauderte, als wir es sahn,
Zum Vorschein dann, so schmerzhaft wie ein Weisheitszahn.

Der Reihe nach. Marie, sie nahms als erste wahr.
Das Mädchen war schneeweiß. Sie zitterte am ganzen Leib.
Wie wild schlug sie an unsre Tür, zerrauft das blonde Haar.
Kein klares Wort, ein Stottern nur. Ich sag: »Beschreib,
Was du gesehn hast, Kind, genau.« Ganz aufgelöst,
Stand sie am Morgen stammelnd in der Küche. Meine Frau
Hielt sie im Arm. Das Schluchzen machte mich nervös.
Ich schrie sie an: »Marie, kein Mensch wird aus dir schlau.«
Da fing sie sich. Und wir begriffen, nach und nach:
»Ein Blitz … da wo sein Schlafeck war … ein Loch … im Dach.«

Der Herr Descartes: von Stund an war er hier Legende.
Sein Bett, das wundersame Loch war bald ein Wallfahrtsziel.
Besucher kamen, starrten lange auf die kahlen Wände.
Man sprach von Fingerzeig, berief sich auf Hesekiel –
Die Tür zum Himmelreich … Marie, die schwanger ging
Schon kurz darauf, tat sehr verschwiegen. In Gerüchten
War von Reliquien viel die Rede. Von dem Siegelring,
Den er ihr ließ. Von Manuskripten, Medaillons und Büchern,

Die sie als Schatz im Schrank verbarg. Der stillen Braut –
Das schlimmste hat man ihr, das schlimmste zugetraut.

Dann kam ein Brief. Aus Holland. In gestochner Schrift –
»*Dem Herrn Descartes*« stand drauf. Aus Neugier, meine Frau,
Sie brach ihn auf. Mir war, als ob ein Blitz mich trifft.
Es war ein Blatt, mit Skizzen vollgekritzelt, tintenblau.
Man sah ein Zimmer, wie das unsre hier, und groß darin:
Ein Augenpaar, das in der Schwebe hing. Maßstabgetreu
War da das Bett gemalt, der Tisch, ein Krug aus Zinn
Mit rundem Bauch. Baff wie ein Schaf, das wiederkäut,
Glotzt meine Frau mich an. – In Flammenschrift fährt da,
Als Blitzschlag aus der Wand, ein Wort nur: »Heureka!«

33. Zwischen den Jahren

Auf krummen Wegen, Zeit, im Taumelgang kommt sie voran.
Und rechnet fest mit Fehltritt, Müdigkeit und Treuebruch.
Sie überspringt, was aufrecht geht. Bricht Arm und Bein,
Manch Rückgrat auch. Sie retardiert. Kränkt, wo sie kann.
Was schmeichelt ihr? Ein schiefer Turm, ein böser Spruch.
Nie bringt ein Kreuz, ein Requiem sie je zum Weinen.
Sie stößt, was fällt. Geht, mathematisch streng, zu Werke.
Kaum wird man schwach, nimmt sie, unsichtbar, überhand.
Bleibt nur dies Buch. Mit den »Principia« war er übern Berg.
Gewidmet ihr – der Einzigen, die ihn verstand.

Elisabeth, sein Sorgenkind, sie nahm es dankbar an.
Ein Wunder wars, daß sie sich selbst begriff, als Adressat
Der Grübelei des Feingeists, Vorbild aller Heimatlosen.
Was da, als Traumvision, in einer Winternacht begann,
Ihr gab ers gern. Und trat ihr doch, auf schmalem Grat,
Nirgends zu nah, der klugen, jungen Fürstin. Unter Großen
Zählt nur Regie, der feine Takt, mit dem ein Herz sich beugt.
»Als Philosoph …« sprach er sie an und dachte still:
»In jenem Winter 19, Hoheit, wurdet Ihr gezeugt …«
Warum, warum nur, bist du so – gynaikophil?

»Monsieur, erlaubt, daß ich Euch danke für die Sendung.
Das teure Buch, ich pflück es zögernd vom Olivenstamm.
Allein das Titelblatt. Die Eule mahnt. Vergeßt nicht, Sieur,
Ich weiß fast nichts. Ihr habt mich junges Ding geblendet
Mit Eurem Wissen. Mich, das dumme Unschuldslamm.
Nein, nicht den Helm hab ich von ihr, Athene. Ihr betört
Ein schwaches Weib. Nicht Zeus hieß, Friedrich nur, mein Vater:
Der Winterkönig. Ihr erinnert Euch – im Jahr

Der Krönung floß, zum ersten Mal, in freien Strömen,
Was Ihr heut seid –«. So, Fürstin, nahm mich keiner wahr.
»Ich bin, verzeiht die Demut, die Prinzessin nur von Böhmen.«

»Sagt mir nur eins: wie kann es sein, daß unsre Seele –
Immateriell, der Stimme gleich – den rohen Körper lenkt,
Der protzt mit Fleisch und steht im Fett und dehnt sich aus?«
Gebt zu, Monsieur, die Frage fuhr Euch an die Kehle.
»Ach was. Zunächst ist da – was in uns fühlt und denkt,
Ein Fluidum, die Seele. Sie durchzieht des Körpers Haus.
Sodann ist da: der Körper selbst. Und losgelöst, ad drei:
Ein Reich für sich, die Wechselwirkung zwischen beiden.
Nicht eh man stirbt, wird eins vom andern sich befrein.
Sie sind ein Paar. Ihr wißt: und Paare müssen leiden ...«

»Dies eins, zwei, drei, besagt: der muß im Dreieck hüpfen,
Der das Problem erfassen will. Denn jedesmal
Verändert sich, gedankenschnell, die Perspektive.
Identität: das ist die Haut, in der wir unterschlüpfen.
Eins ist Begriff – die Seele. Qualität. Das andre Zahl –
Dies Quantum Leib, das in die Breite geht, nie in die Tiefe.
Das schwillt nur an. Die Seele, treu, wird mitgezogen.
Wie *anima* und *corpus* sich durchdringen, zeigt uns erst –
(Wenn eins sich aufbäumt, Jungfrau, der Orgasmusbogen ...)
Der Geist, der uns erfüllt und fortreißt himmelwärts.«

»Gott wohlgefalln muß, was Ihr sagt. Allein, was heißt
Erfüllung, Freund? Sprecht Ihr von Keuschheit – oder Lust?«
»Prinzessin, glaubt mir: eines lebt nur von dem andern.
Die Tugend kennt nur, wer sich auf die Lippen beißt.
Und wem Begehren fehlt, der lebt nur unbewußt.«
»Soviel zur Liebeskunst. Was haltet ihr vom Wandern
Der Seelen, Sieur?« »Nicht viel. Man lebt nur einmal – jetzt.«

»Sagt Epikur.« »Wie jeder sinnenfrohe Grieche.«
»Der damit taktlos jedes Christen Zartgefühl verletzt.«
»Nehmt mit, was Er Euch gibt. Er will nicht, daß ihr kriecht.«

»Der Hedonist spricht so.« »Und auch der Philosoph.«
»Ihr geht sehr weit.« »So wißt: wir Christen sind Vasallen
Der Stoiker. Wenn auch belehrt seither – vom Tod.
Nehmt nur Euch selbst. Von den Zerstreuungen bei Hof
Habt Ihr Euch früh befreit.« »Dem Herrgott zu Gefallen.«
»Nicht darum nur. Ihr fühltet Euch bedroht
In Eurer Haut.« »Weil sich die Seele schnell verliert
In Raum und Zeit. Ist es nicht besser, sich zu lösen
Von allem, was da buhlt und stirbt und blind gebiert?«
Darauf Descartes (der weiß, die Haut begehrt nach Stößen) –
Murmelt vom Guten was, von Urangst als dem Bösen.

34. Der Westfälische Friede

Ein Schädel kracht. Ein Haufen loser Knochen knirscht
Hart unterm Schritt. Am Wegrand rosten ein paar Helme.
Auf einem Hügel schlägt ein Schlitten talwärts Funken.
Das ist kein Schrott, kein Schlachterabfall da im Boden.
Kalotten sinds, und Schulterblätter, Menschenrippen.
Ein Moloch hat, von Hekatomben satt, sie ausgespuckt.
Bald bringt die Sonne da im Schneematsch an den Tag,
Was Erde barg. Sie kotzt ihn aus, den Leichenschmaus.
Kein Bächlein weint. Kein Hügelkreuz, kein Viehzaun klagt.
Der Winter selbst beißt sich am Krieg die Zähne aus.

Wie schnell das ging. Ein Schuß: ein Lederkoller reißt.
Zerschmettert ragt ein Ellenbogen aus zerschlissnem Ärmel.
Nun nichts wie fort, den Zügel mit der heilen Hand gepackt.
Im Pulverdampf schrumpft der Respekt vorm edlen Blut.
Getümmel nur, Enthemmung. Freund und Feind spielt auf
Zur Sarabande – zum Todestanz. Dem folgt Gavotte.
Ein zweiter Schuß. Skandal! Ein König sinkt aufs Pferd.
Es bäumt sich auf – Schuß Nummer drei – und wirft ihn ab.
Und dann geschiehts. Das Tier, in Panik, schleift ihn hinterher.
Noch fehlt ein Stoß, ein Hieb, ein Fangschuß, bis zum Grab.

Man zieht ihn aus. Ein Panzerstecher bohrt sich in die Brust.
Ein Degenstich. Dann raubt man ihm den Ring, die Uhr.
Minuten noch – gleich, Majestät, ist dieser Spuk vorbei.
Ein Leutnant kommt, erbarmt sich, setzt ihm die Pistole
Fest an die Schläfe. Dann ein letzter Schuß – und gut.
Nun, Friede, komm. Der Schwedenkönig, er ist hin.
Bei Lützen wars. Der Koloß fiel, zerbrach. Der Schlamm
Empfing ihn weich wie im Palast daheim das Himmelbett.

Zehntausend fielen so, wie Äpfel weit vom Stamm.
Verkrallt in Erde lagen sie, steif im Gebüsch, wie Kletten.

Was übrigblieb, nahm sich der Bauer. Die Bourrée,
Der schlimmste Tanz von allen, kam zuletzt. So süß
Kann Rache sein. Die Schinder fleddern und verstümmeln –
Hei, das tat gut. Die Nasen schnitt man ihnen, Ohren ab.
So querfeldein zog, das die Parasiten jahrlang nährte,
Das Bauernvolk, der Souverän. Fliehst du die Schlacht,
Dann gnad dir Gott, Soldat. Aus einem Kriegsheld viere
Macht sie, die Axt. Und kein Gewinsel hilft, kein Bitten
Dem, der da brandschatzt, unsre Töchter fickt und marodiert.
Wart, hinterrücks, erwischt ihn selbst der Sensenschnitt.

Bis gestern galt: vom Landmann nährt er sich, der Krieg.
Die einen säen, die andern plündern, was die Scheune gibt.
Schlaraffenland … gebratne Tauben flogen ihm ins Maul,
Dem Korporal, dem Feldscher, Feldkaplan und Kürassier.
Der Mob auf Knien, die Bäume von Gehenkten voll,
Und frisch voran sprengt, auf zum nächsten Sieg, das Pferd.
So leicht kann Tod, kann Leben sein. Simplicius lacht.
Die Mägde willig nachts beim Lagerfeuer. Seinen Spaß
Hat jeder Taugenichts. Was braucht es Haus und Dach?
Verbrannt das Dorf. Die Fliegen schwirren froh ums Aas.

Von Aufhörn spricht – der Feigling nur, der Pazifist.
Warum nicht nehmen, was doch jeder schlotternd gibt?
Der Zivilist: welch ein possierliches, fragiles Tier.
»Herr, laßt mich aus.« »Du zitterst ja. Du bist erregt.
Ich seh es wohl.« »Verschont mich Herr, ich bitte Euch.«
»Ich bin kein Herr. Steh auf, vor mir mußt du nicht knien.«
Und sie gehorcht. Und gnadenlos reißt er die Jungfer auf.
Für dreißig Jahr vergaß der Mann, daß man umwirbt,

Was man begehrt. In Schweinekoben, lustlos, schnaufend,
Wird rasch gezeugt, was schon im nächsten Winter stirbt.

Und just in Ulm, Monsieur, nimmt sie Konturen an,
Die neue Zeit, die Friedenszeit. Bald gab es Ruh,
Das Christenherz, gespalten zwar. Und schlägt bis heute fort,
Katholisch hier und protestantisch da – vom Krieg geheilt.
»Nicht ein Tag ohne Feuer« donnerte in dreißig Jahren
Das Feldgeschütz, die schwarze Mündung, die kein Frost,
Kein Regen kühlt. Westfalen hat uns reich beschenkt …
»Verkrüppelt ist, sieht er die Schwerverletzten, Invaliden –
Soldaten einst, und hirnverbrannt, wer da noch denkt:
Der Krieg sei schön und mehr wert als ein langer Frieden.«*

* Gedanken Descartes' aus einem Libretto zur Feier des Westfälischen Friedens

35. Der düstere Tag

Ein später Herbst. Der Himmel tief gehängt. Ein Braun
Wie Apfelfäule stimmt, mit Rauchgrau, nassem Laub,
Den Dreiklang an. Ein jeder sucht, verhuscht, ein Heim.
Die Weiden hinterm Wehr, zerlumpte Marketenderfrauen,
Stehn gramgebeugt. Die Kälte macht die Finger taub.
Ein Kind, folgt es am Weg dem hellen Schneckenschleim,
Hängt bald im Dickicht, schluchzend. Sturm, zur selben Zeit,
Läßt vor den Küsten Schiffe kentern, peitscht das Haupt
Des Eremiten dort mit Hagel, bricht entzwei,
Was sich als Brücke, Liebespaar und Achse sicher glaubt.

Verloren drängt, ein Ulmenblatt, mit dürrem Stecken,
Der Hirt die Herde in den Stall. Der Wind treibt Scherz
Mit fröstelndem Entsetzen. Johlend, Reiterei
Holt ihn vorm Dorf ein – Tod und Teufel, zähnebleckend.
Und Krähn verziehen sich, gehässig krächzend, himmelwärts.
Dann ist, einmalig, auch dies Landschaftsbild vorbei.
Und Schatten sinken, herbstgewohnt, in Wald und Flur.
Ein Späher teilt den Raum in Hinterland und Front.
Im Wirtshaus zeigt die kalte Schulter eine Hure.
Unheimlich ist, so plötzlich fremd, die Welt, bewohnt.

Es blitzt. Der nahe Steinbruch, tränenüberströmt,
Zeigt, von Gestrüpp umrankt, ein menschliches Gesicht.
Von blauen Hügeln weht es kühl herüber. Böhmen
Grenzt an Brabant jetzt, Umbrien, im Abendlicht –
Die frühen Gärten der Touraine. Zur Erde ziehts
Das Vieh im Joch, den Strauchdieb, der sein Pfeifchen raucht.
Die Magd singt, auf dem dunklen Pfad, ein Kirchenlied.
Am Fuß das Weiche – war das Lehm, ein Krötenbauch?

Warum nur lärmt dort, mit Lampions bewehrt, die Kinderschar
Wie aufgedreht? Wo nichts mehr ist, wies gestern war.

Erst gestern nahm ein Mann (aus Thorn) den Leichenschein
Des Mondes wahr. Erst gestern rückten die Planeten
Wie seekrank nah. Erst gestern fiel das Privileg
Der stolzen Erde, Mittelpunkt des Alls zu sein.
Ein Wirbelsturm – die Sonne wurde zum Magneten.
Zu Ende ging ein Menschheitstraum, so lang gehegt.
Verfinstert kehrt, umwölkt, an diesem düstern Tag
Die Angst zurück: was, wenn der Mutterleib, die warme Bucht,
Uns nicht mehr Zuflucht ist vor diesem Meer von Plagen.
Da hilft nur Zechen bis der Raum sich dreht. Verflucht!

Schlaftrunkner Narr. Phantast du. Eigenbrötler. Sturer Bock.
Was hat man ihn nicht alles schon geschimpft. Und doch,
Ein dickes Fell gehörte nie zu seinen Kleidern.
In Leder ging er, gutes Tuch gehüllt, im Seidenrock,
Schneeweiß im Pelz. Das Kinn, er trug es nie zu hoch.
Im tiefsten Krieg noch blieb er menschenfreundlich, heiter.
Er liebte Chic, Perücken, Spitzenschuh. Doch niemals nie
Ging er gepanzert in Zynismus, gab das Stachelschwein.
Sie hielt ihn aufrecht: Eleganz, Vernunft. Für Häresie
War er zu fein. Zu sehr – als Christ – mit Gott allein.

In jenem Herbst, ein Fünfzigjähriger, ging er an Bord
In Amsterdam. Christina, Königin der Schweden,
Ließ sich die Überfahrt was kosten. Nur für ihn
Lag da ein Schiff am Kai. Den großen Geist nach Norden
Ins Netz zu locken, hieß viel Klugheit, Überredung,
Viel Briefverkehr. Vorahnungsvoll ließ er sich ziehn.
Nun wars soweit. Und kein Zurück mehr. Bang in der Kajüte
Saß er und schrieb. Das Land verschwand am Horizont.

Sein Assistent, ein junger Deutscher, hieß nun Schlüter.
Wenn er ihn rief, warum nur dachte er – an Charon?

Das Ufer kam. Es kam in Sicht vier Wochen später.
Ein frostiger Empfang. Nur Schranzen, Hofvolk, Militär.
Ein böser Blick, dort aus der zweiten Reihe, traf
Ihn scharf ins Herz. Und dann begrüßte ihn ein Leisetreter.
Der plumpe Kerl, ganz Protokollchef, tat sich schwer
Mit seinem Lebenslauf. *Bin weder Greis, du Tropf, noch Graf.*
Das Festbankett, noch Tage lags ihm schwer im Magen:
Die Muscheln, Lachs und Rübenmus. Dies Bier, dies Brot …
Früh aufzustehn, vor Kälte steif, umschwirrt von Fragen,
Der Mißgunst ausgeliefert, war der sichre Weg – zum Tod.

36. Homo in fabula

Am offnen Meer. Er hielt sich aufrecht dort an Deck,
Trotz Übelkeit. Nur ihm, dem Weltmann, wars erlaubt,
Dem Kapitän beim Navigieren dreinzureden. Wie ein Berg –
»Kein Mensch, ein Halbgott« – hielt er Bug und Heck
Im Blick, ganz Steuermann. Der Philosoph als Argonaut.
Und kaum an Land, war er umringt von lauter Zwergen.
Er holte Luft, und sah die Wälder, Buchten, Schären
Im Herbstlicht rein. Die Insel Ordnung zwischen all den Seen.
Jetzt war er hier, verschleppt ins Hinterland der Bären.
Dann kam der Schnee. In Massen, nie zuvor gesehn.

Hier hieß er *snö.* Ein Laut, der in der Nase kitzelte
Wie eine Prise frischen Tabaks. Dieses »Hö, hö, hö«
Klang sehr vulgär. Französisch, höfisch war der Brauch,
Zu disputiern. *Noblesse oblige?* O ja, sehr witzig.
Zumindest gabs hier keine Fliegen, selten Flöhe.
Und mancher gab ihm das Gefühl: *Du wirst gebraucht.*
Doch sonst? Viel Gram. Viel Kleinkram, königlich belohnt:
Komödien schreiben, Verse, Expertisen. Briefe
An alle Welt – sein Trost. Er träumte wie gewohnt
Von ihr, Frau Antje. Schlief, Soldat, oft in den Stiefeln.

Und fror und fror. Der Winter war besonders streng.
Wie der Kommers. Wie jede Zofe dort an Stockholms Hof.
Die bleiche Stadt, im Licht des Nordens, lag gedämpft,
Kniehoch vom Schnee die Gassen rings ums Schloß beengt.
Und jeder Turm trug, jede Säule, weiß, den Apostroph
Zum Zeichen seiner Nichtigkeit. Schlaff, abgekämpft,
Fiel er ins Bett nach Tafel, Stuhlgang und Audienz.
Er stand früh auf. Halb Fünf – kein Gold, die Morgenstund',

Verflucht beim Gähnen, hatte Frosthauch nur im Mund.
Punkt Fünf zum Fachgespräch befahl ihn Ihre Exzellenz.

Das war zu früh. Das war der Tod für so ein Murmeltier
Wie er eins war. Ein Leben lang hielt ihn der Schnee
Aus Federkissen, aus Batist und Daunen mollig warm.
Nun saß er früh im Buchverließ – ein Mann, der friert,
Und sah zerknittert die Visage dort in einer Tasse Tee.
Und Regina Christina, mit dem steifen Jungfrauncharme,
Verhörte ihn, das Bleßhuhn. Mit dem Kopf voran,
Voll Wißbegier, das Mündchen spitz, sie gründelte.
Im Bauch die Löcher wuchsen. »Was fängt Huygens an?
Was meint Herr Hobbes? Hat dieser Voetius ausgezündelt?«

Schwer von Begriff – das warn sie allesamt. Und frech.
»Monsieur, Ihr Menschenbild, es ist, wie sagt man? Schlicht.«
Traité de l'homme. Passions de l'âme. Womit verdient
Hat er die Tritte, Rüpelein, Sottisen. All das Blech,
Das man hier redet? Klatsch – flog ihm die Spucke ins Gesicht.
»Spieluhren sind wir, Wunderwerke, Präzisionsmaschinen,
Wenn auch aus Fleisch und Blut.« »Wir funktionieren, wie?
Von Rädchen angetrieben und Gewichten, was?«
»Getreu den Regeln der Physik. Denn Liebe, Courtoisie,
Und Seelenruh – sind schnell dahin beim nächsten Aderlaß.«

»Monsieur, und diese Zirbeldrüse …?« (Jemand lacht).
Man lacht ihn aus. Wie einen Dichter und Phantasten.
Du tust mir leid. Du glaubst, Du bist recht schlau, Idiot.
Vielleicht verschlägts dir bald vor Scham die Sprache,
Ob des Gerümpels dort in deinem Schädelkasten.
Sein Trost – der Schnee. Bei soviel Weiß, er sah nie rot.
»He Schlüter, alter Deutscher. Wie gefällt dir Schweden?
Ich sag dir eins: das Glück ist – mit sich selbst verkehren.«

Der Rest war Ohnmacht, Zähneknirschen, leise Beten.
Verlassne wir – verstoßen aus der Achten Sphäre.

Ein letzter Halt – *La paix.* Und Heiligabend, Bethlehem.
Der Frieden hatte einen Namen jetzt: Westfalen.
»Schreib ein Gedicht«, so lautete sein Auftrag, »Philosoph.«
Er sank nun oft zurück in eine Zeit, so angenehm
Wie seither nichts. Er war bei sich. Sah wie beim ersten Mal:
Die enge Kammer, Flockenfall, im Mondlicht dort den Hof
Im Schnee die Spur, im Eichentisch die Maserung.
Sah ihren Leib. Am Po die Sommersprossen, auf den Händen.
»Monsieur, wacht auf. Was heißt hier sterben? Ihr seid jung.«
Ja, *c'est la vie.* Von wegen Fabel, welch ein falsches Ende.

37. Was Liebe ist

Warum so früh? Es hat geschneit die ganze Nacht.
Die Hauptstadt liegt, vom Nordpol magisch angezogen,
Verwunschen da. Ein Teil von Lappland, dies Stockholm.
Im Zentrum, abgezirkelt, leer, ein Exerzierfeld, wehrt
Der Schloßhof jeden ab. Im Schilderhäuschen winkt
Ein Fausthandschuh die Troika durch, wie jeden Tag.
Im Schlitten sitzt, todmüd, im Pelz versteckt, ein Mann.
Im grauen Bart, auf dunklen Augenbrauen, knistert Eis.
Er gähnt und träumt. Er ist weit weg in seiner Jugendzeit.
Wenn ihr ihn sehen könntet jetzt, er tät euch leid.

Ihn ruft die Pflicht. Durch krumme Gassen gehts, vorbei
An Kaufmannsläden, dekoriert vom Winter, Galerien.
Die Apotheke da, mit ihren Fläschchen, glitzernden Phiolen,
Und dort ein Glasgeschäft, verkehrt, ein Spiegelkabinett,
Das sich das Eis von draußen holt, durch hohe Fenster.
Da blitzt Metall, beim Büchsenmacher, in der Schmiede –
Doch kein Mensch rührt sich. Alle schlafen noch. Nur er
Ist unterwegs, so früh am Morgen – er, das Murmeltier.
Ein Schweinskopf bleckt, dort in der Metzgerei, die Zähne.
Erpresserin, die Kälte macht, daß ihm die Augen tränen.

Dann sitzt er da. Steif am Kamin, im kalten Büchersaal.
»Der erste wartet«, heißt ein Sprichwort hier in Schweden.
Und sie, ganz Herrscherin, läßt ihn wie immer warten.
Er schaut sich um, studiert die Reihen – soviel Schullatein,
Das niemand braucht. All der Geheimniskram in Maroquin …
Porphyrios hier und Lullus da, Theologie, Historici –
Daß einem schwindlig wird. Sein Zahn tut weh. Er friert.
Jetzt Eule sein, das wärs. Man schwingt sich auf und kreist,

Den Schnabel hoch, um die Regale, fährt die Krallen aus,
Schnappt sich den Schund und frißt ihn auf – als Maus.

»Schämt Ihr Euch nicht«, so fragt er einestags die Königin.
»In Euerm Alter Griechisch pauken – wozu das?«
Sie registriert: der Mann wirkt blaß in aller Herrgottsfrüh.
Und übergeht, mit feinem Kleiderrascheln, seine Bosheit.
Ein Philosoph, nun ja. Die Klassik macht ihn so gereizt.
»Erlaubt, daß ich Euch frage, was Ihr wirklich wißt.«
Das saß. Nur gut, man ist hier unbelauscht beim *tête à tête.*
Kein Maulwurf wühlt, kein Wiesel lüpft den Spitzenkragen.
Wie er das haßt: die Konferenz im Beisein dieser Clique,
Das Blablabla vorm Astrolab, die Schleimerei der Blicke.

»So fragt nur, fragt.« »Ein jeder hat wohl schon geliebt.
Doch was das ist, die Liebe – Sieur, wißt Ihr das auch?«
Da hat sie ihn, wo sie ihn haben will, in der Bredouille.
Vorm Fenster tagts. Das Winterlicht tropft, milchig trüb,
Durch die Portiere, bis jede Tür hinaus ins Schneereich führt.
Es legt sich kalt als Firnis auf Atlanten, raubt den Globen
Ihr letztes Gold, das bißchen Blau am Saum der Kontinente.
In seiner Nische, Platon friert, und um die Marmorschulter
Zieht er die Toga straff – wie seinen Umhang jetzt Descartes,
Der husten muß. Er spürt den Hadesdunst. Und gibt sich hart.

»Verbannung ist, das süßeste Exil für Narren wie Genies,
L'amour, die Uferlose. Klein, als lichter Augenblick,
Fängt in uns an, was zum Geschwür wird in der Seele.
Des Körpers Lebensgeister sind es, *les esprits*,
Die uns entfremden von uns selbst. Ein Zuckerstück
Ist das Objekt, das zu besitzen wir uns lange quälen.«
»Tut sie uns gut, Monsieur?« »Sie nimmt uns viel und gibt
Uns viel zurück. Doch mehr als das, sie macht uns weis:

Wir sind ein Teil. Und nur das Ganze wird von uns geliebt.
Was sich entzieht, macht uns zunichte. Macht uns heiß.«

»Das heißt, auf Eis gelegt lebt, wer sich selbst nur liebt.«
»Zwei Kräfte sind: Begehren und der gute Wille,
Was sie bewegt, die Seele, von der Liebesmacht gereizt.
Amor et studium – die noble Sorge und der dunkle Trieb,
Ein Hochgefühl, und ein Verlangen, kaum zu stillen.
So generös das eine, nährt das andre Eifersucht und Geiz.
Ein Alibi für alle, das ist Liebe, und ein Grund, warum
Die Welt ist, wie sie ist – zerrissen, böse, unregiert.«
»Das leuchtet ein.« Er sieht sie an, dann nickt er stumm.
Begreift sie wohl, weshalb Empfindsamkeit hier friert?

38. Was Liebe war

Ach, Affektion – der Hefeteig sovieler Dramen:
Die dunkle Kraft, *nefas*, wie sie in Roms Tragödien heißt.
Der Mythos blüht. Es sind die Herzen, die sich trüben.
Und selbst der Zorn, dem kaum die Sanftesten entkamen,
War ein Symptom nur aus demselben Krankheitskreis.
Vieldeutig ist, ein Verb improprium – dies »lieben«.
»Und hält doch kerngesund.« »Und überdies auch warm.
Verdauung gut. Der Puls geht ruhig. Was will man mehr?
Sehr praktisch, gell? Was manches Liebeslied verklärt –
Den Arzt erfreuts.« »Sieur, ich bewundre Euren Charme.«

»Dagegen Haß: *der* Grundaffekt schlägt auf den Magen.
Wen Wut und Ingrimm treibt, der ist erst scharf erhitzt,
Dann kühlt er aus. Das Wechselbad führt zum Erbrechen.«
»Nur frei heraus, Monsieur. Man hört Euch heimlich klagen,
Euch sei zu kalt in meinem Reich.« Von draußen blitzt
Wie durch die Finger einer Eisfee, klar und stechend,
Das Silberlicht des Morgens, springt auf Büchertitel,
Ins Diadem der Königin – und macht die Schläfen grau.
War Licht nicht Zeit? Tief in vergessene Kapitel
Zurück zog ihn die Ironie von Schwedens erster Frau.

Ein kühler Hauch streift ihn. *Le temps perdu.* Vergangenheit.
Wie Medizin, ein Bittermandelton, zum Schlüssel wird,
Der das Gedächtnis, wiederkehrend – »Sesam, öffne dich«,
Von neuem aufschließt, reißt der Frost ihn aus der Zeit.
Er sieht das Bett, die enge Klause. Jener Winterflirt –
Wann war das noch? Und wo? Er spürt ihn frisch, den Stich
In seiner Brust. Als ihm die Welt zu Füßen lag ... Ein Traum
Vom Anbeginn, scheint ihm, was Liebe war und was sie ist.

Taghell erstrahlt, ganz wintermärchenweiß, der Raum.
Die Kehle brennt. Der Faden ist verloren. Ein Kanzlist

Tritt auf und fragt: »Wünscht Majestät das Frühstück hier
Serviert?« »In Anbetracht der vorgerückten Zeit –
Sieur, was meint Ihr?« Er hat nicht zugehört. »Mein Herr?«
Raunt der Lakai, bevor er laut sein Schweigen apportiert:
»Hoheit, verzeiht.« Da überkommt ihn Müdigkeit.
Er räuspert sich, er stöhnt. Das Atmen fällt ihm schwer.
»Oui, Majestät.« »Ihr seht sehr bleich aus. Fehlt Euch was?«
Was sagt man da? »Nein, mir gehts gut.« Die Lunge bellt
Das Gegenteil heraus. So stürzt ein Brocken vom Parnass …
Er weiß genau: jetzt sind die Tage hier gezählt.

Dann wird ihm schlecht. Er blinzelt. Vor den Augen flirrt
Der Bücherstaub. Zum Schiffsdeck wird die Bibliothek.
Es schneit, es schneit! Und Akten wirbeln um ihn her.
Ein Blätterstoß, von einem Fehlerteufel paginiert,
Nimmt ihm die Sicht. Versperrt mit Pulten ist der Weg.
Und wieder lockt, mit schwerem Ruder, Charons Fähre.
Bald ist er *dort.* Drei Wochen später – angekommen,
Wo als Entgelt ein Œuvre nichts, nur diese Münze zählt.
Nachts sieht er sie: vorm Spiegel, sehr verschwommen,
Als Blutfleck, der am Gaumen klebt. Und grinst gequält.

Was Liebe ist? Jetzt, da er wachliegt, weiß er es genau.
Ein Embryo, der wächst im Sprung der Lebensalter,
Und dennoch klein und schwach und ungeboren bleibt.
Das Paradox: der Mann trägt unterm Herzen ihn, die Frau.
Der Larve gleicht er, die beim Schlüpfen stirbt. Den Falter,
Wer sah ihn je, zerdrückt im Lustgewühl der Leiber?
Kaum einer zeigt schon, was da tief zuinnerst bebt.
Nicht Diskretion, die Angst vor Ohnmacht unterdrückt,

Was da verkannt, im Eingeweide schmachtend, lebt,
Und will ans Licht. So mancher wird, enttäuscht, verrückt.

Den Schmetterling, er hätte ihn so gern einmal studiert.
Doch was man sah, die Fehlgeburt, war nur der Schleim
Im fahlen Licht, auf dem Sektionstisch – fett die Raupe.
Der Doktor Tulp, der manches Monstrum demonstrierte,
Nahm in der Silberschale gern den Lebenskeim
Als Gunstbeweis. Doch da verließ ihn schon der Glaube.
Nun wars zu spät. Er war jetzt Dreiundfünfzig. Bald
Begreift man wohl, was er gedacht hat da, ein Leben lang.
Kann sein, er hat den Gürtel allzu eng geschnallt –
Daß es sie gab, die Liebe, unerkannt: das macht ihn bang.

39. Drei Philosophen bei Tisch

Klingling, klingklang. Burgunder fließt. Man schweigt,
Streng unter sich, beim Gipfeltreffen großer Geister.
Der Gönner lächelt mild – Symposion in Paris.
Bevor der Witz, in hundert Argumenten, sich verzweigt,
Studiert den Hinterhalt ein jeder der drei Meister.
Hier fällt kein Wort zuviel. Kein Duellant verschießt
Sein Pulver früh. Ein falscher Ton geht leicht ins Auge.
Man ißt gefaßt. Nur der Marqueß wagt kühn den Satz:
»Verzeiht, Ihr Herrn, ich weiß, wie wenig Thesen taugen:
Doch sind nicht Freund und Feind«, beginnt er aufgekratzt,

»Das Salz der Welt?« Verbissen schweigen die drei Herrn.
Descartes seufzt auf. Gassendi nickt. Und Thomas Hobbes,
Ganz konzentriert auf sein Glas Wein, ragt zwischen beiden
Am Tischrand auf und spielt dem Zaungast, *unconcerned.*
Doch dann gehts los. *Plopp* – wie ein Königsberger Klops,
Fällt dem das Kinn herab, der Löffel dem. Zum Schneiden,
Schwebt um die Stirnen dicke Luft. Der Hausherr kocht.
Er läßt nicht los, der schlaue Fuchs. Die Linke pocht
Hart auf den Tisch. Dann lacht er polternd auf, erklärt:
»Es scheint, als ob Mylord sich um die Welt kaum schert.«

Wer war gemeint? Man sieht einander an – und scheut.
Der Spezialist fürs Grobe schmatzt, hält sich bedeckt.
Sehr defensiv, der Freund des Vakuums, erwähnt das Fleisch.
Monsieur Descartes, gewöhnlich wach, gibt sich zerstreut.
Die hohe Kunst, daß kein Mensch an den andern eckt –
Wird streng geübt. Kein Pelz wird naß, kein Auge weich.
Das Accidenz: *dies* ist der Punkt, der jeden isoliert.
Daß man sich reibt, selbst ausgedehnt weit über jedes Maß,

Ist nun der Grund, weshalb man mürrisch retardiert.
Gewiß, sich zu belauern so, macht wenig Spaß.

Das Passivsein, als erstem wirds dem Nobleman zuviel.
»Ihr tragt den Bart genau wie ich.« Der so galant
Aufs Korn Genommene pariert den Stoß geschickt.
»Und Ihr wie ich.« »Das scheint jetzt unter Männern Stil«,
Wirft maliziös der Dritte ein. Schon ist die Schlacht entbrannt.
Ein kühler Blick, ein Räuspern nährt den Hühnerhofkonflikt.
Jetzt nichts wie ran, denkt, eh die Sache eskaliert,
Der Diplomat, und schlägt ans Glas und spricht den Toast.
»Ein Prost darauf, daß wir zusammenfanden heut und hier!«
Zum Wohl. Zum Wohl. Zum Wohl. Der Dreiklang ist ihm Trost.

»Wir sind heut hier, um zu ergründen, ob der Geist der Zeit
Nur Streit ist, Krieg – ob vielmehr friedlich konvergiert,
Was so gescheit, so mathematisch streng der Einsicht folgt.«
»Seid Ihr bereit«, fragt Herr Descartes, »mit meiner Wenigkeit
Zu rechnen …?« »Was«, entgegnet Hobbes, höchst indigniert,
»Wird uns zuteil von Eurer Aussicht heut aus allen Wolken?«
»Das geht zu weit«, faucht Pierre Gassendi. »Ihr erlaubt,
Daß ich mir selber helf, Kollege?« »Guter Freund, verzeiht.«
»Braucht Ihr Verstärkung, Sieur?« raunzt Hobbes. Newcastle schnaubt.
Sein schöner Kreis – im Nu gesprengt. Schon ahnt er Streit.

Er sieht die Ader dort, geschwollen unterm Schopf
Des Herrn Descartes. Der senkt den Kopf. »Metaphysik
Kann vieles sein. Doch sie erschöpft sich nicht in Namen.
Wenn man Euch liest, meint man, die Welt sei nur ein Topf,
Den man zerschlägt nach Willkür und zusammenflickt.«
»Monsieur, gleich kommen mir die Tränen.« Unter Damen
Denkt der Marqueß, wär dies der Satz, der alles sprengt.
Gassendi grinst gequält. Er weiß ja, Hähne zanken …

In Wolkenkuckucksheim wirds nur den Narren eng.
Er betet still. Er ist längst weiter in Gedanken.

Der reinste Klatsch. Die Base, ein Docteur Sorbière,
War nicht dabei, als sie sich maßen, drei der Größten.
»Die Poesie – nichts hab ich so wie sie geliebt«,
Schrieb im *Discours* der Mann, der nie mit ihm verkehrte.
Die Anekdote sollte vor der Nachwelt ihn entblößen.
Man saß zu Tisch. Und da war keiner, der was schuldig blieb.
Was für ein Stück! Im selben Raum – drei Spiritisten,
Zur selben Zeit. Drei Egomanen. Gnadenlos
Gewährte jeder jedem schmatzend eine Galgenfrist.
Da schwamm es hin, ihr All, in einer Pfütze Bratensauce.

40. Noch einmal Schnee

Wie spät ist es? Wo kommt auf einmal jener Nebel her?
Die Seeluft beißt, noch in den Kissen, Zeh und Nase.
Sie zwickt das Kind in Windeln, den verschlafnen Herren
Im Morgenrock. Und draußen, tapsig wie die Bären,
Am Ufer prüft viel Volk die zugefrornen Wasserstraßen.
Belagert döst, im Packeis eingekeilt, von Nahen fern,
Stockholm, die aufgeräumte Stadt dort an Europas Rand.
Hier spürt man kaum, wie unterm Eis die Fundamente beben.
Ein Winterbild: zwei Drittel Himmel und ein Drittel Land.
Sehr kurz erscheint, vom Ende her gesehn, ein Leben.

Doch warum hier? Daß ausgerechnet hier, im Norden,
Sein Körper streikt, jetzt da die neue, bessre Zeit beginnt –
Wie ungerecht. Er sieht das frohe, bürgerliche Treiben,
Und mittendrin den dunklen Kern. Den schwarz umflorten
Herrenhut, die Röcke, kotbespritzt, das Waisenkind.
Er preßt die Stirn, ein großer Fisch, fest an die Scheiben
Und schnappt nach Luft. Dort, wie im Meer die Heringsschwärme,
Rauscht es dahin, das schreckhafte Jahrhundert. Jeder reiht
Bei Freund und Feind sich ein, sucht etwas Wärme.
Und über alles breitet Schnee sein Hochzeitskleid.

Die Lineatur, sie kehrt erst wieder, wenn es klart.
Dann wird ein Ohr dort in der Menge sichtbar, eine Brust –
Und sie gehörn nicht länger dem und jenem, sondern ihm:
Dem neuen Menschen, der sich kalten Blutes paart.
Modern wie nie – und lebt doch hin wie unbewußt …
Selbst der Verstand noch imitiert das Klappen da der Kiemen
Im Heringsschwarm. Der Mund geht auf und zu, er pustet
Sein stumpfes Credo in die Frostluft. Jeder weiß noch was.

Bleibt ruhig, Augur. Sagt Lebewohl. Hört Ihr, der Husten
Aus tiefster Lunge sagt Euch: Ihr habt nichts verpaßt.

Ruht Euch nun aus. Habt ihn verdient, den langen Schlaf.
Ihr seid nicht Hamlet. Im Millionenschwarm nicht irgendeiner.
Durchs Schlüsselloch drang sie zu Euch herein, die Welt.
Man wird sie lesen, schon aus Argwohn, Eure Paragraphen.
Im Glashaus sitzt Ihr, werft, längst tot, gezielt mit Steinen.
Ihr wißt sehr gut, wie schnell ein Weltbild auseinanderfällt.
Doch bis dahin habt Ihr den Kosmos, Stück für Stück,
Gezählt, geprüft – gespannt, wohin ein jedes fällt.
Klug sein und rechnen können: das, nur das war Glück.
Die Welt des Denkenden, Ihr habt sie frei gewählt.

Sie fiel Euch zu. Mit ihren Mühlen, Kirchen, blanken Ufern,
An denen Mensch und Tier – in Traumregie – flaniert.
Der eine feilscht, der andre weint. Eins ist vergnügt und lacht,
Wo andre Särge tragen, trauernd. Da kommt, wie gerufen,
Die Nachricht: Hört, der Krieg ist aus! Sie sind marschiert,
Auf Beute scharf, nun sind sie froh. »Es ist vorbei« entfacht
Mehr Euphorie als das Geschrei »Auf in die Schlacht«.
Schnee staut, Schnee dämpft, was da an Widersprüchen gärt.
Er schließt die Augen, sieht Justitia aufrecht an der Gracht,
Wie sie die Waage eicht. Er lauscht dem täglichen Verkehr.

Und läßt sich falln. Es macht ihn müd, er kann nicht mehr.
Er ist am Ziel. Wie spät es ist? Egal. Er hat gelernt,
Verkannt zu sein. Der nächste Tag schon ist verkannt.
In seinem Eigensinn tut jeder Mensch sich schwer.
Man lernt nie aus. Doch wieviel nützt, was man da lernt,
Dem Nebenmann? Bald ist das letzte Schiff verbrannt.
Im Eis vielleicht, siehst du momentlang, was dir blüht.
Ob es wohl trägt? Mit langen Stangen prüfen sie die Schicht,

Und wundern sich, wie leicht der Wal die Wellen pflügt.
Und lästern Gott, wenn unterm Fuß die Kruste bricht.

L' histoire ancienne – der Schnee von gestern, heißt es dann,
Hat sie verschluckt. »Antike« raunt es ... und »Barock«.
Am Grund verlorn liegt, was noch eben den Millionen
Real erschien. Die Welt, wo jeder Knopf sich wiederfand.
Im Eis die Kratzspur saugt – kein Auge bleibt hier trocken,
Das Wasser auf. Es duldet keinen Widerspruch.
Der Nebel weicht. Fern sammeln Masten sich am Horizont.
Schlaff hängt ein Fähnchen, blau und gelb, vom Dach. Er weint.
Todmüde zieht er sich zurück ins Bett und liest ein Buch.
Ob ihm was fehlt, wird er gefragt. Descartes verneint.

41. Luftblasen

»Kommt schnell! Monsieur spuckt Blut! Viel helles Blut.«
Das Laken rot von Auswurf, lag er da, schweratmend.
Dann kam die Trance. Ein schöner Zustand. Atmen, dämmern.
Dort draußen Schnee, und drinnen Vakuum – die Angst.
Was, wenn da keinerlei Verbindung war von Ding zu Ding,
Und alles fiel vorbei an allem? Gott, wie war man fremd
Im Universum, ganz auf sich gestellt. Nichts fängt uns auf,
Sobald wir stürzen und herausfalln aus der Ordnung.
Kein Stoß, kein Gegenstoß – durchdringend leer, die Luft.
Das Fieber treibt, es zieht den Schwerelosen in die Gruft.

Was mag das sein? – Es ruht im Mutterleib und ist
Doch längst verwaist? Ringsum die Welt liegt tiefverschneit.
Als Fötus schwimmt, *bulle d'air*, das Menschenkind darin.
Natur und Geist gehn, mit den Jahrn, getrennter Wege.
Bewegung ... Existenz ... Erkenntnis: schließlich schmolz
In seinem Hirn das Fieber die Kontraste, wie den Schnee
Der Frühlingswind. Er bäumt sich auf. Geometrie
Hielt ihn nachts wach. Er sah im Erdreich das Magnetfeld –
Den Teilchenstrom. Er las. Er rechnete. Er schwieg,
Bevor der Schmerz ihm sprudelnd bis zum Halse stieg.

Gott, wie allein, wie unbeleckt ich damals war.
»Es tut mir leid, Gillot.« »Wie? Ihr gebt zu, auch Ihr ...«
Geschwätzigkeit. Man hat nur Ruhe, wenn man konspiriert.
Ich war zu jung, die Ignoranz zu sehn, im eignen Auge
Das Körnchen Dreck. Nicht ahnend, was da wiederkehrt.
Sein Testament, er schloß es ab, eh er Arkadien verließ –
Das sichre Ufer, Holland. Eine Truhe mit Papieren
Ging da, als Flaschenpost, auf Reisen durch die Zeiten.

»Bist dus, Gillot? Ich glaube, diesmal heißt es scheiden.«
Was von ihm blieb, war hinterlegt im schönen Leiden.

Sein Leid war kurz. Ein Sprung, ein rascher Übergang
Von Addition zu Subtraktion. Es ging wahrhaftig schnell
Bergab mit ihm. Er war verstockt, kein guter Kranker.
Der Tod – undenkbar ... unvorstellbar ... unerkannt,
Sprang über Logik und Kalkül hinweg. Potenz der Zeit –
Vielleicht wars dies. Das Leben kam, rein rechnerisch, zu kurz.
Man überlebt, wenn überhaupt, in kleinster Größe,
Geschrumpft zum Kern. Das Dreieck war sein Lieblingstraum.
Fragil, stabil, platonisch – strengste Algebra.
Die Trinität: wer hätte je gedacht, daß man sie sah?

Stockholm. Er rang und röchelte, ein Mensch im Fieber.
Ach, soviel Blut! Ihm war, als spuckte er die Lunge aus,
Den feinen Stoff, das Seidentüchlein in der Brust.
Man gab ihm Wein. Er mischte ihn mit Tabak – trank
Den Schwedenpunsch, erbrach sich, wurde kreideweiß.
Das Nordlicht schien, der Freiplatz vor der Residenz,
Dies marmorne Entree, kaum bleicher als die Stirn
Des Stoikers. Er selber, blau die Adern, schien aus Marmor.
»Das höchste Gut, Monsieur, was denkt Ihr ...« *Wie sie gaffen.*
»Ein fester Wille, Majestät. Zufriedenheit im Schaffen.«

Ein Schneeball flog. Die ganze Nacht tat er, entsetzt,
Kein Auge zu. – Die alte Furcht: gleich holt man ihn,
Und wirft ihn, um den Hals den Stein, ins kalte Wasser.
Er redet wirr. Raunt was von Enterhaken, Fischernetzen,
Vom Loch im Eis, von kühlen Meerjungfraun ... »Francine!«
Der Name fiel – »Und du, Marie – ihr müßt mich hassen.«
»Wo bin ich hier? He Schlüter – Quatsch, sag dus, Gillot.«
Und schadenfroh: »Ich hab dich ausgetrickst, mein Braver.«

Ein Engel – auf die Flügel schrieb ich ihm mein COGITO.
Kein Widder-Typ. Ein Zweifler, reich beschenkt im Schlaf.

Der Schneeball traf. Ein Kind rutscht aus, bricht sich den Fuß.
Im Hafen, hieß es, sank zur Nacht die »Gustav Wasa«.
Das kann nicht sein. Auch sein Verstand hat schon gelitten.
Im Krieg war das, vor vielen Wintern. So diffus
War er schon lang nicht mehr, so aufgelöst. Die Straße
Dort vorm Palais, wo führt die hin? Und da im Schlitten,
Der junge Kerl, der so galant ein Käuzchen imitierte:
Das war doch er, er selbst, wie er da peitscheschwingend stand.
Wer sagt, daß wir nur heut, streng chronologisch existieren?
Er war weit weg. Ein junger Herr. Noch unbekannt.

42. Ins Ungewisse

Ein Tag voll Gram – und wär es auch der allerletzte,
Dehnt sich wie hundert Jahre, schreibt ein Zeitgenosse,
Ein Anatom, der ihn geöffnet sah – den Abgrund Seele.
Die Wahrheit brandmarkt. Friß und stirb. Sie ist verletzend:
Von innen kommen sie, die tödlichen Geschosse.
Ihr senkt den Kopf, starrt vor Euch hin. Wie der Garnele,
Gehn Euch die Augen über, wenn Ihr fassen wollt,
Was von Euch bleibt. – Was knistert da? Ein Bücherwurm?
Erbarmungswürdig liegt er da. Er hat sich eingerollt.
Dann kotzt er Blut. Ein Aderlaß. Und draußen Wintersturm.

Melancholie. Auf seinem Sterbelager, schwarz auf weiß,
Da plötzlich stand – im Schnee ein Haufen Pferdemist,
Das Nonsenswort: du bist ein Nichts. Und jeder sahs
Dort durch den Firnis auf der Stirn, den kalten Schweiß:
Das Epitaph. In scharfen Fältchen war es eingeritzt,
Als wär die Haut, inwendig splitternd, ein fragiles Glas.
Monsieur, man sagt, Ihr habt ihm lebenslang getrotzt,
Dem schwarzen Gallenfluß, der Modekrankheit Eurer Zeit.
Nun löst sich auf – ein Schneekristall – in Blut und Rotz,
Was so lang hielt. Der Pastor mahnt: »Seid Ihr bereit?«

In Öwigkeit … Sein Fischmaul, blubbernd unterm Eis,
Lockt in die Tiefe ihn, ins kalte Meer. Der Fötus hört,
Wenn Mutter weint, sagt man. Ein Furz kann ihn verstörn.
Und überhaupt, was gibts, das nicht der Embryo schon weiß?
Sehr viel, Kaplan. So gut wie nichts von dieser Welt.
»Er murmelt, hört. Er schluckt. Die Augen drücken aus,
Was er dort sieht. Dort drüben. Seht, die Stirn wird klar.«
Der Augenblick, da einer rückwärts durch sein Leben fällt,

Und sieht im Fall sich, Mann und Kind. Nach Haus, nach Haus.
Ein Leichnam wandert still ins Pantheon. Das wars?

Ins Dunkel dort, hinaus ins Ungewisse, zieht sein Blick,
Und löst vom Mond sich ab und von Saturn, Merkur.
Das Sternbild blinkt, sein Horoskop: der Schneekristall.
Dann wird er steif. Ins Kissen sinkt ihm das Genick.
Er blieb gefaßt. Er ging dem Tod entgegen mit Bravour,
Auch wenn die Hand, empört, sich oft ins Bettuch krallte.
Ganz Stockholm fror. In jener Nacht im Februar
Brannten die Fackeln vorm Palast bei den Kanonen.
Die Lippen bleich, hohlwangig, mit verklebtem Haar,
Hielt er den Kurs. Längst unterwegs in ferne Eisregionen.

So wahr ich sitz hier, träumend, wie ich krank darniederlieg …
Nein, umgekehrt: so wahr ich lieg und träum, ich sitze dort
Im Winterrock beim Feuer, und die Hand da auf dem Tisch
Fühlt das Papier … so weiß ich: dies hier ist mein Leib.
Hoc corpus meum. Wo ich bin, wird nie ein andrer sein.
Auf engstem Raum, gottlob, bin ich nicht kleinzukriegen,
Solang ich denke. »Vorsicht Freund, wer sagt dir denn,
Daß dies kein Traum, kein Nachbild ist aus andern Zeiten?
Vom Schnee verwirrt, wer weiß, bildst du dir ein im Schlaf,
Du sitzt am Tisch.« »Und lieg im Bett, mein eigner Biograph?«

Monsieur, wacht auf. Was faselt Ihr von Sakramenten?
Denkt nach. Bei zehn Grad minus trübt sich der Verstand.
Erstarrt die Welt, so still … Hört Ihr? Sie hält den Atem an.
Ein Klumpen Eis, fest an die Stirn gepreßt, das brennt!
Von wegen Zeit: man traf sich immer noch in Griechenland.
Und Venus kreist, kühl und berechenbar, auf alter Bahn.
»Was sagt der Abendhimmel heut? Wie stehn die Sterne?«
»Der Mars, Monsieur, spielt Aszendent. Aquarius geht.«

Was war das letzte, das ein Sterbender verlernte?
Der eigne Name? Sein Geburtstag? Wie? Das Alphabet?

»Gillot, wie spät?« »Herr, Ihr habt eben erst gefragt.
Da war es Neun. Seit Mittag heult ums Haus der Sturm.«
»Und dies Geräusch? Was klappert dort wie ein Skelett?«
»Es ist der Laden, der ans Fenster schlägt, Monsieur.«
Die letzte Nacht. Er schlurft, gestützt auf Schlüter, zum Kamin,
Und fällt in Ohnmacht. *Wie sie gafften.* Blinde Zeugen.
Hellwach lag er. Und hob die schweren Lider, voluptuös,
Die große Nase. Ein Barockgesicht wie aus dem Buch.
Dann brach er ein, sank in den Schnee zurück, gefror.
Kein Pochen unterm Brustbein mehr. Descartes, *encore* …

»Und ich glaube, diese Laune, Verse zu machen, kommt von einer starken Erregung der Tiergeister, welche die Einbildung derer, die kein gut gefügtes Gehirn haben, völlig durcheinanderbringen könnte, die Kräftigen aber lediglich ein wenig mehr erhitzt und sie der Poesie geneigt macht.«
(Brief an Prinzessin Elisabeth von Böhmen vom 22. Februar 1649)

Inhalt

I

II